给大忙人看的理财书

无论你是理财菜鸟，还是想让受创的投资恢复元气，
此书都将为你长久获利的理财计划打下一个坚实的基础！

沃伦◎主编

红旗出版社

图书在版编目（CIP）数据

给大忙人看的理财书 / 沃伦主编.
—北京：红旗出版社，2014.8

ISBN 978-7-5051-3239-9

Ⅰ.①给… Ⅱ.①沃… Ⅲ.①财务管理－通俗读物
Ⅳ.①TS976.15－49

中国版本图书馆 CIP 数据核字（2014）第 199976 号

书　　名：给大忙人看的理财书
主　　编：沃　伦

出 品 人：高海浩	责任校对：藏杨文
总 监 制：徐永新	封面设计：博雅工坊
责任编辑：陈　豪	版式设计：博雅工坊

出版发行：红旗出版社
地　　址：北京市沙滩北街 2 号

邮　　编：100727	编 辑 部：010－82061212
E - mail：hongqi1608@126.com	发 行 部：010－64024637
欢迎品牌图书项目合作	项目电话：010－84026619

印　　刷：北京盛兰兄弟印刷装订有限公司

开　　本：710 毫米×1000 毫米　　1/16
字　　数：199 千字　　　　　印　　张：17.75
版　　次：2014 年 11 月北京第 1 版　2014 年 11 月北京第 1 次印刷

ISBN　978-7-5051-3239-9　　　　定　　价：29.80 元

前　言

俗话说，"你不理财，财不理你"，投资和理财已经变成日常人们生活中非常重要的课题之一。

在人生的坐标里，如何寻找财富的元素？世界富豪沃伦·巴菲特几乎白手起家，从零开始，开创了他最富传奇色彩的理财人生。理财规划的重要性随着"后理财时代"的到来日益凸显。

但是，我们总喊着，忙！你忙，我忙，他忙。办公室里人们废寝忘食，走在街上的人们行色匆匆，工作台前的人们忙忙碌碌……很多人都会抱怨，忙啊，忙得没时间理财，忙得没时间管理……"有时间赚钱，没时间理财"，这个现象越来越普遍地存在于城市的"忙人"们中间。

但是很多时候人们都有可能面临收支不平衡问题：比如，最理想的状况是收入大于支出，但更多时候是收入等于支出，赤条条来赤条条去；也可能是收入小于支出，这样的生活比较紧凑拮据。随着人们理财意识的加强，投资理财的观念也逐渐广泛，被社会各阶层的人们所接受。而职场人士对理财投资的需求更大，这一个庞大的群体，虽然一心想做好投资理财，却因为时间冲突等原因，"工作忙、生活忙"的他们完全无暇顾及投资理财的事情。不同的理财规划，往往会产生两种截然不同的收益。其实，在人生的各个阶段，都有着大笔的支出，如用于支付购房、教育、医疗、养老、培育下一代等。从客观上讲，提早进行理财规划，可以避免出现入不

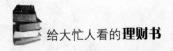
敷出的情况。

　　谁说忙人就不可以理财了，这个观念完全错误。那么，我们该如何寻找财富的元素？作为财富增长的"助推器"，如何科学地理财规划在很大程度上决定了财富收益率的高或低。

　　怎样进行家庭资产配置？怎样规划个人资产？怎样获得长期稳定的投资回报？怎样在通货膨胀的年代使得资产保值增值？你会赚钱，但不一定会理财，这是一个重要的事情。《给大忙人看的理财书》用最浅显的道理讲述理财知识，并提供理财小窍门，帮助那些工作忙的人学会抽出精力去理财投资赚大钱。本书就可教会您如何利用手头可供自己支配的钱，让原本平淡无奇的生活增添激情和精彩，从而有更大精力向真正的成功进发。其实，对于现在的人来讲，懂一点理财规划，尽早形成属于个人的、科学的财富观念非常有帮助，比如它可以对抗物价上涨、解决眼前财务问题，而且可直接产生财富积累、达到财富增值的效果。那么，如何达到财务自由的境界，可以说，越早学会理财，越有可能产生更多的财富。

目　录

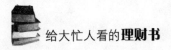

第六章　输赢一线间——外汇

第七章　永不贬值的投资——黄金

第八章　不可错过的投资品种——期货

第九章　最安全的投资方式——债券

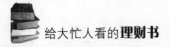
第十章　风云突变不慌张——保险

第十一章　投资的蓄水池——储蓄

第十二章　我的地盘我做主——创业者理财

第十三章　理性消费，才能避开雷区

第十四章　你必须要遵守的理财原则

第一章
大忙人，念好省钱这本经

人人都想过"面朝大海，春暖花开"的生活，人人都想家财万贯、锦衣玉食，但是为什么有些人手里的钱总是莫名其妙的少去？这就需要你学会理财。有钱的人理财，可以让钱滚钱，没钱的人理财，可以让钱生钱。

如何让"职业、财富、事业"四个词，互相碰撞出激情的火花和能量，塑造出强大的职业力量和完美的动力？专业人士告诉您：认真打理人力资源，增加知识类资产、把人力资源转化为商业资源是财富长期增值的重要方法。

1. 为什么要理财

什么是理财？为何要理财？只有清楚地了解这些问题，我们才能正确地理解理财。

理财这个词我们并不陌生，它几乎每天都出现在广播电视和报纸中，它与生活中的所有事情都息息相关，理财是为了实现生活目标而管理自身的财务资源。今天挣钱时，我们要想到年老时靠什么去享受生活，这就要靠你今天储存的财富。

人的一生需要经历四个不同的阶段。18 岁前，我们几乎没有收入，靠父母抚养长大，吃穿用度花的都是父母的钱。18—50 岁之间，我们渐渐步入社会，开始工作，随着收入的节节攀升，生活压力也渐渐增加。身体是革命的本钱，到 50—60 岁，我们的身体渐渐不如年轻时，我们的事业和收入也渐渐递减。之后到了退休，如何利用以前的财产做好理财也依旧重要，也以此可安度晚年。

我们可以站在财务的角度来重新审视人生，两大财务缺口需要发现和早做准备：一是 18 岁前的少年时光，一是退休以后的老年生活。毋庸置疑的是，在成年以前的财务缺口，大多数中国家庭中都是由父母来替我们弥补，而 60 岁退休以后的人生中，就需要我们用自己年轻时积累的财富来填补。那么为了实现财务自由，我们必须在年轻时规划下年老的生活，如果不算基本社会养老保险、企业年金等，仅仅从时间概念上考量退休安排，假设离退休还有 40 年，也就是着手退休计划从 22 岁开始，假设目标是 100 万元，那么每个月需积累不到 100 元；但如果是 30 岁才开始计划，则需要每个月留出 300 元左右；而如果 40 岁时再开始，必须每月不少于 1000 元，这样的压力是非常

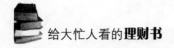

大的。如果我们及早的开始理财，那么等到以后的人生中，早上起床，可以选择在家舒舒服服上网，也可以继续睡觉，也或者选择上班，当自己想消费的时候有钱去消费，至少能保证衣食无忧。

实现财务自由是理财规划的终极目标，而财务自由是可以选择的。但很多人有这种误区：理财是有钱人的事，没钱的人拿什么理？每个人的生命都离不开钱，理财对每个人来说，都是非常重要的。如果你说你没钱，不用理财，那绝对错了。你钱多，那就理大财，如果你钱少，也可以理小财。可是，如果你不注重理财，你的生活质量一定会每况愈下，有句话说得好：你不理财，财不理你。关于理财的故事很多，先让我们一起去看看，胡适的理财案例。

胡适先生是中国著名的学者、外交家、教育家，在步入中年之前，他的生活可以说一直处于富裕阶段。27 岁的胡适留学归国就在北京大学任教授。那个时候，一银元相当于如今的 40 多元人民币，胡适先生的月薪就有 280 银元，折合人民币 11200 元。除了薪水，他还拥有版税和稿酬，生活可真是富裕啊。1931 年，胡适任北大文学院院长，月薪有 600 银元。这时候他的著作就更多了，版税、稿酬比之前更为丰厚。据估算，每个月收入大概有 1500 银元。这个时候一银元相当于人民币 30 多元，那么胡适的月收入可以说就有 45000 元人民币，年收入竟高达 50 万元。胡适家住房宽敞，还有 6 个佣人。但胡适很不注重理财，长期没有积蓄观念。1937 年抗日战争爆发的时候，胡适已经步入中年，他的生活开始一落千丈，且越来越差。进入暮年，胡适连生病住院的医药费都成问题，到最后只能提前出院。晚年时期，他经常告诫身边的人，"年轻时，一定要注意理财。"

注重理财、善于理财，就能步入财富的殿堂，会在你最辉煌的时候锦上添花，在你有困难时雪中送炭；而不注重理财、不善于理财，即使收入再高，生活也会变得困难。所以树立理财观很重要，无论身处何地我们都要考虑怎样理财，不至于我们年轻时辛苦赚钱，年老以后还要为没钱而苦恼。

2. 梳理自己的财富

现在年轻人中流行着一种享乐的消费观念，他们每个月的收入不低，但都用在了享乐和消费上，每个月的银行账户里基本处于"零状态"，就是所谓的"月光族"，他们喜欢穿名牌、用名牌、下馆子，偏好开源，讨厌节流。可能有人会认为理财很小家子气，很抠门，当然也有人认为理财其实是投资，我认为这些都是片面的理解。"月光族"看着很风光，其实存在巨大的隐患，一旦资金链断开就无法应对问题。据国外理财机构定义，所谓理财，是指为了使资本或金钱产生最高效率或效用，人为地将资金做出最为明智的安排和选择。

五大理财目标

1. 获得资产增值

资产增值是任何一个投资者的共同目标。可以说，理财就是把资产合理分配，同时使之不断积累的过程。

2. 保证资金安全

资金的安全包括两个方面的含义：一是，要确保资金数额的完整性；二是要确保物有所值，即保证资金不会因货币贬值而遭受损失。

3. 防御意外事故

正确的财务计划，是可以帮助你最大可能地减少风险和损失。

4. 保证老有所养

随着老龄化社会步调的逐渐加快，现代家庭往往呈现倒金字塔结构。尽早制订适合自己的理财计划，使自己晚年生活安乐、富足，是我们共同面对的问题。

5. 提供赡养父母及抚养教育子女的基金

中国历来推崇"幼有所依""老有所养"，而现代社会，这两者的成本已越来越高，这对年轻人来说是不小的挑战。

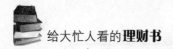
• 保险是保障

保险归结起来有两个作用：一是不可替代，二是可替代。

保险不可替代作用决定了我们需要购买保险产品的必要性。下面四个方面是保险的不可替代作用的表现形式：第一，保险低投入，高赔付，提供及时的高额医疗费用。如学校给学生上保险，某学生因意外受伤，得到 2 万元的赔偿，这是高额的赔付。第二，提供生病、残伤费用。第三，提供大尺度的养老费用。第四，可以延续个人对家庭的经济价值。这是保险的不可替代作用，也是特别大的作用，反过来说，也只有保险才有这个作用。

• 审慎是盾牌

怎么样做一个审慎的消费者？从态度上说，不能太相信推销员和保险公司。从实务上，一定要舍得花时间和精力。从具体操作上，要多看、多问、多比、多记、多写，一定要保存咨询资料，建议也可以先买短期保险。

多看，指要多看与保险相关的一切资料，包括宣传资料、条款、计划书、投保单、险单、投保提示。要注意，条款是投保单的核心内容，明白地讲述了保险功能等。如重大疾病险条款中，有很多种疾病都有详细的注释。

多问，指的是要问所有不明白的地方。如果有不明白的地方，一定要向保险业务员咨询，不能不懂装懂；也可以咨询医生、会计等相关但非保险人士，比如说重大疾病险，可以在投保之前，咨询医生该疾病是否在投保范围之内。

多记，指的是一定要记录自己问过的、比较过的事情。

多写，指的是要认真如实地填写投保单（书）。如实地填写健康情况等，注意一定要是亲笔签名。同时，还有个人财产等情况，也一定要如实填写。只有这样，在索赔的时候才可能通过保险公司的严格审核，获取应得的赔款。同时，也要妥善保存咨询资料等，这可能成为索赔的重要依据，也可能是发生理赔纠纷时，抗辩的其中一个证据。另外，对于保险，建议不要一次性购买，可以先买一些短期保险，之后再做长期投资。

五重保护伞规避投资风险

负债，这是一个很难避免的问题。北京的一个普通家庭，夫妻两人加上一个孩子，孩子的抚养费、父母的赡养费以及买车买房的费用，至少得要440万元。但是，对于一个中等的家庭来说，两夫妻即使一辈子都在赚钱，也只能赚到330万元。那么，如何去填补那110万的缺口呢？

理财专家方建奇认为，弥补缺口的最好方法就是理财投资。理财的魅力就在于，投资的收入可以呈现几何级增加。而今，已不再时兴以前的传统做法——银行存款。以2004年国家统计局的数据为例，2004年居民消费水平平均上涨3.9%，食品价格上涨9.9%，粮食上涨26.4%。这些数据可以说明，如果把钱存入银行的定期，一年存10万元，年底就可以拿到利息1800元，但是，物价上涨3900元，每存10万元就赔2100元。况且，房地产的价格指数都是不计入到这些上涨的数字中的，如果计入，这些数字将会更上一个台阶。

所以说，家庭投资理财是非常有必要的，但是，这也是一个长期的过程，需要我们学会一个科学的理财顺序。方建奇建议的理财顺序是：还贷→储蓄→投资→消费。但是，我们也不能忘记的是，理财也有风险。但风险不是严格意义上的资金损失，这里说的风险，是可以在一定程度上分散的，如果手段高明，甚至可以避免。

方建奇通过风险公式说明，如果你不能够做好理性的理财规划安排，没有有成效地去积累知识和专业度，不能收集更多有效、有用的信息，不愿意花时间对待理财，或者以一种很不认真的态度对待理财，可能只能让你面临更大的资金风险。所以，方建奇用五重保护伞帮助你规避风险。请看以下方面：一，观念对行为的决定作用。投资者面对金融市场的变化，必须建立一个健康积极的心态，并且得保证

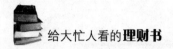

观念的与时俱进。如果你还是用 90 年代的心态去炒股票，就没办法达到进步，甚至是在倒退。第二，必须明确目标，确定方向。之所以得明确目标，因为你的目标如果控制不了的话就会有很大的问题。明确目标在哪里，就知道差距在哪里，然后该做到哪一步。第三，规划分散风险。不要把所有鸡蛋放进一个篮子里，财富也一样，那将冒很大的风险。第四，通过资源降低损失。第五，细节决定成败，必须要经过一系列细致规划之后购买产品。购买理财产品，相当于是购买了未来的预期，目前是看不见它的涨跌的。

所以，在最后的购买环节中，要严把关底。

首先，要看清所有的协议条款。通常在购买产品的时候，都要接受协议，千万不要因为机构大，而间接接受或被动接受不合理条款。如果遇到"霸王条款"，一定要提出质疑，不是通过质疑能够改变什么，至少可以选择不购买。

其次，签名代表你的承诺，要谨慎对待自己的签名。"我发现很有意思的现象，北京人往往在这方面比较豪放：无所谓，签了吧。"方建奇说，"而到上海，你会发现另一个景象：看一看再签。"

美国等发达国家，比我们富裕得多，但他们的家庭教育理念就是，孩子需要靠自己的勤奋与劳动去立足于社会。所以在美国、日本，富家子弟出去打工的并不罕见，这在他们看来是再平常不过的事了。我国在七八十年代出生的一代大多是被宠大的，因为他们的父母吃过太多的苦，所以不愿让自己的孩子吃一点点苦，但这并不代表我们可以大手大脚地花钱、不考虑以后生活。为了实现家庭的富足，需要对家庭资产进行合理的规划，进行必要的投资理财，所以，青年朋友们，当懂得这个道理后，在为未来生活开始着手理财的时候，需要保留并发扬理财的观念，要教育自己的后代懂得吃苦，懂得自立，懂得自己创造和管理财富。只有这样，才是真正对他们的爱。

3. 品味生活从省钱开始

如果说理财既可以省钱，又能品味生活何乐而不为呢？

面对金融风暴，随之而来的低成本生活成了时尚，而生活理财的最高境界是：既要节约省钱又要享受生活。不当"苦行僧"，唱歌、打球都不少只是换个白天时段，旅游梦想继续只是避开黄金周，该买的东西不心疼，只是处处刷卡，计算积分……

在国外开始流行"租生活"，在国内租生活也有望流行，不过这种"瞬时消费主义"的特别之处在于所有权的不固定，你可以通过互联网或类似机构、以租赁或交换的方式暂时拥有一件物品，并在不需要时解除所有权。也只有在现代科技将人与人的交流互动提高到这样前所未有的"零距离"时代，"瞬时消费主义"才能在服务业领域发挥出其独特的魅力。

如今还有一种时尚是拼生活，"能拼就拼"，两个人拼租房子，拼餐，拼车，拼游……"拼客"成了年轻人字典里常用的词。而2008年，拼婚风潮把"拼客"们的"求实惠、求方便、求节约"的精神发挥得淋漓尽致。把钱省下来，花在自己觉得重要的地方，已经成为一种生活态度。如何既省钱又不损失生活质量？改变一点点消费心态，你也做得到。

我们可以从以下几方面来省钱品味生活：

（1）躲开时髦消费，不盲目从众购物。该省则省，要买急用或必用物品，千万别不顾自己收入多寡，就一味地赶流行、撑面子，结果造成经济拮据，得不偿失。

（2）避免贪小便宜而乱买降价商品。商品所谓的"跳楼价"表面是为消费者省了钱，其实是蚀了本。这些大都是过时且有瑕疵的商品，与其贪图便宜购买不实在的商品，还不如购买虽贵但耐用的。

（3）绝不打肿脸充胖子，去追求奢侈生活。家庭生活时时刻刻都

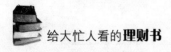

要牢记量入为出，比如，不要为了不必要的装饰而花钱，甚至倾尽所有来让家看起来更豪华。家应以整洁明亮，经济实惠为原则，如此才不会让自己喘不过气，而生活也更加轻松自在。

生活品位，不一定要花钱才能办得到，只要动动脑筋、动动手，很多都是随手可得的。另外，可以借助图书馆、免费讲座等选择自己喜欢的项目如期参加。这样，既可以享受学习的乐趣又拓宽了视野。不用花补习费，也能提升自己的知识与能力。

理财很难吗？在一些人的眼里很难，在另一些人的眼里却很简单。开源节流是积累财富的两个途径，只要你能够掌握赚钱和省钱的招数，就能很容易地赚到钱，也能简单地省下钱。

4. 设定合理的理财目标

个人理财或者个人财务策划在西方国家早已成为一个热门和发达的行业。西方国家的个人收入包括工作收入和理财两个部分，在一个人一生的收入中，理财收入占到一半甚至更高的比例，可见理财在人们生活中的地位。

没有规划的理财，就像没有地图的旅行，随时都会出现南辕北辙的错误。为什么我们要理财？心理学家马斯洛的需求理论告诉我们，人类的需求是有层次之分的：在安全无忧的前提下，追求温饱问题；当基本的生活条件获得满足之后，则要求得到社会的尊重，并进一步追求人生最终目标的自我实现。要依据层次满足这些需求，必须建立在不匮乏的财务条件之上。因此，我们必须要意识到理财的重要性，制订一套适合自己的理财计划，以达成自己的生活目标。

合理设定理财目标，追求自己的幸福人生！

有人说幸福是归家时亲人的一份晚餐，是孤单时朋友的一声问候；也有人说幸福是母亲一次温柔的抚摸，电话里父母的一声"一切都好"；还有人说幸福是贫困时相濡以沫的一块蛋糕，是患难中心心相印的一个拥抱。

幸福感因人而异，每个人对幸福的定义不同，其所拥有的也不同。富人的幸福可能是买一辆名车、买一处豪宅、开始一段环球旅程；而普通百姓的幸福可能只是找到一份满意的工作、有一套属于自己的房子、与家人享受天伦之乐。同样一件事情，对有些人来说可能意味着非常幸福，但对另一些人来说，却没有丝毫幸福感可言。对于整天忙碌的白领来说，时间是非常宝贵的，能在家中休假一天可能就是幸福；但同样是这一天，对于那些经常待在家里的人来说，却并不意味着幸福。别以为理财就是管好账，减少开支，或者说就是单纯的省钱。其实不然，理财就是追求幸福，是根据自己的情况而设定自己的幸福！

理了就有财？

理财不是为了发财，理财不是今年投一万明年就能赚回两万！理财是一个人或一个家庭为了实现自己的生活目标而管理自身财务资源的过程。结婚买房，生儿育女，积蓄养老，这些都是我们的生活目标。为了目标我们竭尽所能，不惜奔波劳累！没有目标我们会像无头苍蝇，我们会当一天和尚撞一天钟！而只要有了目标，理财也就成了我们生活中很自然的一部分。

巴菲特说过："一生能够积累多少财富，不取决于你能够赚多少钱，而取决于你能够投资理财，钱赚钱胜过人赚钱，要懂得让钱为你工作，而不是你为钱工作。"目前，金融机构不断涌现，金融产品种类日益丰富，理财涉及的方面也越来越多，例如教育规划，养老规划，债务规划等。因此，理财不仅仅是金融产品的买卖，而是在了解个人或家庭的财务状况、明确理财目标的基础上，通过合理的财务规划，为您和您的家庭实现资产保值与增值。

理财规划的目标是为自己及家人建立一个安心富足的健康生活体

系，实现人生各个阶段的目标和理想，最终达到财务自由的境界，即首先是安排好当前的生活，再将金钱做合理的储蓄和投资。

5. 如何制订个人理财计划

人最大的敌人不是别人，而是自己。只有了解自己，明白自己的需求才能更好地战胜自己，更好地来给自己定位。

确定目标

有了目标才有努力的方向。人的一生有很多目标，其中之一就是理财目标。定出你的短期财务目标（1 个月、半年、1 年、2 年）和长期财务目标（5 年、10 年、20 年）。如果认为这些目标难度过大，就把它分割成小的具体目标。一定要理性地确定目标，否则会因为目标的情况而影响情绪，从而导致大悲大喜陷入情绪化。

确定期限

理财目标有短期、中期和长期之分，所以不同的理财目标会决定不同的投资期限，而投资期限的不同，又会决定不同的风险水平。例如 3 个月后要用的钱是绝对不能用来做高风险投资的。反之，3 年后要用的钱可以用来做一些投资，从而获得更高的回报。

坚持储蓄

计算出每个月应该存多少钱，在发工资的那一天，就把这笔钱直接存入你的银行账户。这是实现个人理财目标的关键一步。

控制透支，降低购买欲

控制自己的购买欲。每次你想买东西前，问一次自己：真的需要这件东西吗？没有了它就不行吗？

制订适合自己的投资方案

制定适合自己的投资方案。当投资人确定了自己的理财目标及投资期限后，一个适合自己的投资方案就需要决定了。也就是说在考虑了所有重要因素后，就需要一个可行性方案来操作，在投资上我们称投资组合。投资人的风险承受力是考虑所有投资问题的出发点，风险承受力高的，可以考虑较高风险的股票型基金；风险承受力低的，可以考虑低风险的债券型基金或货币。基金投资人因年龄、资产收入不同，风险承受力也会不同，投资组合也就有保守型、一般风险型、高风险型之分。事实上，个人理财规划的真谛其实是要通过合理的规划、管理财富来达到人生目标。

现在理财风虽然很热，但也不能盲目跟风，必须首先要增加自己的知识储备能力，树立终生理财观。

第二章
大忙人的新理财观念

没有最好的理财观，只有最适合自己的理财观！

如何让中国理财市场积极地发展？第一，需要金融机构不断提高金融服务水平，开发出更多更好的理财产品，培养出更多的全能型、复合型的金融人才；第二，提高对投资者的理财教育，培养投资者的理财意识，从而创造出巨大的理财市场需求。在对投资者的理财教育中，树立正确的理财观念是其中重要的一项。

在"理财"两个字被我们倍加推崇的今天，却还有人对理财持有一种错误的观点，认为理财就是赚钱，或者理财就是不乱花钱。也有些人以为理财是在有了收入以后才做的事情，没钱怎么理财？其实，理财是一个长期过程，需要"时间和耐心"，我们必须有一个长久的规划。理财是一生都要做的事，只要你需要生活，你就需要理财。

1. 大忙人，请从现在开始理财

"君子爱财，治之有道"。何为"治之有道"呢？"治之"即是理财之意，有的人早早就开始理财，而有些人却并不重视，认为自己忙，也无财可理。所以虽然做着同样的工作，领着同样的工资，可他们之中，就有人生活逍遥自在，甚至都已经买车买房；而有的却每天拼死奔波，生活窘迫，成为了"啃老族"、"月光族"。

什么时候理财，怎么理财？理财要从当下开始，无论什么时候，无论现在处于什么状态。

财富贯穿人的一生，从出生到和上帝喝茶的那天，理财是时刻相伴相随的，好多人认为自己没有理财，其实是日用而不觉，只不过是效果问题。国际上的一些调查表明，几乎100％的人在没有自己理财规划的前提下，一生中损失的财产从20％到100％不等。

没钱的时候要理财，为的是有朝一日有钱，绝大部分富翁都是白手起家，一分一角积累起来的财富，比如比尔·盖茨、巴菲特、刘永好等成功的案例。

就算有再多的钱也不容易守住财富，尤其是继承财产的富家子女，遗产税就可以让这笔财产大幅度缩水，除非继承人小心理财，否则他们一夜间能把财富败光。一些银行调查显示，过去的20年，全球大部分超级富豪都不能守住巨额财富，"败家率"达80％。富翁破产的原因是除了财富巨大增加了管理难度外，更重要的是如何让自己的财富保值、增值。

理财是不分时间不分人的，只要是需要生活的人，无论处于什么位置都要有理财意识和理财途径。诺亚并不是在已经下大雨时才开始

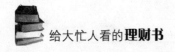

建造方舟的。

大忙人，不要再为自己找理由和借口了，从现在开始理财吧！看看你身边的每位成功人士，他们都离不开理财。未来是不可预知的，但我们可以提前为自己储备一笔财富，来应对未来的种种变数。

2."奔奔族"如何理财

理财从现在开始并长期坚持

理财就跟学习一样，什么时候开始都可以，但还是越早越好。我们国家的学前教育、义务教育都开展得很好，但是在这些教育里没有涉及理财的启蒙教育，这不能不说是我国教育的一个遗漏。很多朋友在工作以前都没有理财的观念，从小到大，一切都是父母包办的。自己不挣钱，也不懂得理财，以致在工作多年以后都很难养成理财的习惯。这个问题是我们国家长期以来对于理财观念的缺乏（古时就有重农轻商），造成理财教育的缺失，使得我们中的很多人没有理财的意识。理财就这么被忽视了。直到有一天发现自己买房子没钱，装修没钱，结婚没钱，生孩子没钱的时候，怎么办？跟父母要？难道能跟父母要一辈子？他们能永远做你的摇钱树么？所以，从现在开始理财真的是刻不容缓。

现在看来，在中国有这么一个族群，他们出生于 1975－1985 年间，身处于房价高、车价高、医疗费用高的"三高时代"，是目前中国社会压力最大的族群，时刻在为了生活东奔西走，这个族群被成为"奔奔族"。

"奔奔族"要想享受生活必须要顶住房价高、车价高、医疗费用高这三座大山的压力，职场经验的匮乏、人际关系的处理、腰包的胀胀瘪瘪，让"奔奔族"体验到奔跑中的酸甜苦辣和人情世故。正是因为如此多的压力所以"奔奔族"更应该注重如何理财，如何让自己脱离三高时代。

"不积跬步，无以至千里；不积小流，无以成江海"，永远都不要认为自己无财可理，只要你有经济收入就应该尝试开始理财。这样才能给自己的财富大厦添砖加瓦。

制订一套适合自己的储蓄计划

存钱，是每个人都知道的最简单的也是最基本的理财方式。同时也是有些人不认同的方式，有的人认为存钱得存到什么时候才有钱？但是正所谓房子盖的好坏取决于地基，储蓄就相当于打地基，只有打好地基才能盖出好房子。每个月雷打不动地从收入中提取一部分存入银行账户，这就是你"聚沙成塔"的第一步，也是你为自己财富大厦打地基的开始，一般建议提取每月收入的10％～20％来存入银行。当然，这个比例也不是完全固定不变的，这要视实际收入和生活消费成本而定，但是存款要注意顺序，顺序一定是先存再消费，千万不要在每个月底等消费完了以后剩余的钱再拿来存，这样很容易让你的存款大计泡汤，因为如果每月先存了钱，之后的钱用于消费，你就会自觉地节省不必要的开销，而且并不会因为这部分存款而感觉到手头拮据。所以不要小看每天微不足道的小节余，坚持下来一年后可能是一笔可以作为投资的资金。

省钱，从名义上讲就是要节省、节约，在每月固定存款里边和基本生活消费之外尽量减少不必要的开销，把节余下来的钱用于存款或者用于投资（或保险）。说到这里，很多"奔奔族"的朋友可能会觉得这一条难以执行，并把"省"跟"抠"、"小气"等贬义词划等号，实际上这种认识是有偏差的，打个比方，把每月在抽烟上要花费的400元节省下来，一年能节省4800元，足可以给自己买一个10万元的返还型健康险了！

在扣除每月固定存款和固定消费之后的那部分资金可以用于投资，像再存款、买保险、买股票、教育进修等。所以，这样的投资不仅仅是普通的资金投入，而是三种投入方式的总称：一般性投资、教育投入、保险投入。

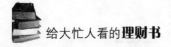
有一定的金融理念

钱是拥有时间价值的，这个理念可以说是西方金融理念的根源，也是金融发展到今天所倚仗的最根本的原则。理解了这个原则，对于我们理解金融产品、学习理财有很大的决定性帮助。很多人不明白，货币为什么会有时间价值？举个简单的例子：你去买房，一套 80 万元的房子，如果一次性付清，那么就需要支付 80 万元现款；而如果你只付了 30 万元，贷款 50 万元，每月按揭，十年后付清，那么，你为这套房子所付出的钱最终可能是 130 万元。也就是说，今天的 50 万元，相当于 10 年后的 100 万元（因为已经首付了 30 万）。表面上看是因为银行收取了你的贷款利息，实际上贷款利率就是货币时间价值最直观的体现。

风险与收益是成正比的

收益高的投资相对来说风险也大，在金融行业工作的人都知道这个基本原理。所以对于投资者而言，一般风险越大的项目，要求的投资回报就越高，风险与投资收益有着直接相关性。作为普通的投资者，我们也要有相应的意识。不同的理财工具，有不同的收益和风险，一定的收益必定伴随着相应的风险。如果哪个投资工具说高收益、低风险甚至无风险，这里面十之八九有问题，很可能是骗局。我们要做的是，针对各种理财工具的收益性、风险性以及不同的特点进行组合，做合理分配，以求达到风险相同的情况下收益最大或者收益相同的情况下风险较小的目的。风险是无法避免的，只有尽量减小！

有人说了，我不怎么理财，当然我也不会每月都花光，这样自己一样过得很好，每年还能剩一点钱够零花。有这样想法的也是大有人在。这样的生活方式也挺好，不用费心去理财，有钱就花，没钱就不花。但是，细想一下，你就真的不需要理财么？即使不去考虑你过几年可能会面临买房、装修、结婚的事情（假设你家里帮你解决了这笔费用），你就真的高枕无忧了么？假如需要很多钱来应付一些突如其来的费用时，你该怎么办？也许这时候你不会想到是因为自己平时不理财，导致无法抵御这些风险，而只会想我怎么这么"背"。如果你平时就有足够的风险意识，懂得未雨绸缪，遇到问题可能就会是另一种结果。我们要说的是不论你收入是否真的很充足，你都有必要理财，合理的理财能增强你和你的家庭抵御意外风险的能力，也能使你的手头更加宽裕，生活质量更高。

解决后顾之忧的保险

俗话说"天有不测风云，人有旦夕祸福"，没有人知道下一秒会发生什么。人的一生不可能没有任何意外，也不可能永远一帆风顺。许多年轻的朋友会说，我现在年轻，身体很好，我也不去惹事，不会那么倒霉遇上麻烦事吧？买保险很不合算，如果不出事，不是白白浪费金钱吗？好多"奔奔族"的朋友在对待保险的问题上，有两个观点，一是认为自己年轻没必要买保险，二是收入不高，没钱买保险。其实这是两个误区。年轻并不意味着不会发生意外事故，有这种想法的朋友可能只是把保险想得简单化了。而那些认为保险是一种高投入、自己买不起的人，是还没有了解我们国家保险的现状，现在好多基本保险的费率都很低，你可以有针对性地选择自己需要的险种。目前我们国家保险行业还处于初期阶段，很多好险种投入回报率都很高，越早下手越早受益，以后保险公司取消了这些险种就享受不到了。

随着老龄化社会的到来，现代家庭呈现出倒金字塔结构。及早制订适宜的理财计划，保证自己晚年生活独立且有尊严，应该是每个人都要面对的共同问题。

3. 小康之家如何理财

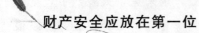

财产安全应放在第一位

我们不要以为理财就是一夜暴富，其实合理的家庭理财是建立在

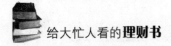

安全、稳健的基础上的。我们的目的是避免风险来临时手忙脚乱，无力应付。因此我们应建立风险意识，投资是有风险的。低风险的投资品种有银行存款、国债、保险等，这些都难以产生高回报；高风险的投资品种有股票、实业投资，这些有产生高回报的可能，但也能导致亏损。家庭不是企业，财产的安全与稳定应放在第一位，盈利性放在第二位。

保险和教育金

近几年，我国保险业发展较为迅速，国人的保险意识也在上升，我们渐渐意识到当风险来临时有保险公司承担，手足无措的我们内心会得到些许慰藉，一些保值增值的险种也会让我们安心。但是分红险、健康险、重大疾病等种类繁多的险种也让我们难于取舍，无法结合自己的实际情况做出选择。

家庭理财与个人理财是有所不同的，随着爱情结晶的呱呱坠地，一个家庭就进入一个新的阶段。孩子的降生为家庭带来莫大幸福的同时，也对家庭理财提出了更高的要求，孩子的未来是做父母的要提前为之规划的。这时的理财主要有几个方面：保险和教育金、汽车贷款、投资和账户管理。这个时期的家庭财务管理变得尤为重要，一方面，要养育儿女，准备教育基金；另一方面，要供楼供车，自己要考虑保险、养老基金和投资。根据以往的经验，很多人在有了孩子之后都会考虑买车以接送孩子。日常还要交纳燃气费、水电费、孩子入托入学费等，所以很多人从这个时期开始对生活理财的需求变得尤为迫切。如何规划好自己的财产以省自己的时间和精力变得尤为重要。

保险方面，除了夫妻的意外险、重大疾病保险和养老保险继续之外，也要为孩子准备意外伤害险和少儿分红险。什么是对孩子最大的关爱？让孩子一辈子经济独立是最大的爱，未来竞争太激烈了，竞争的焦点是经济独立，一个人有没有尊严关键看经济是否独立。所以很多人给自己孩子买了保险，在自己有能力的时候给自己孩子最好的保障，建立了一个系统的保险计划。举个例子，比如一份保险计划，缴费期为 10 年，每年存款 2 万元，80 岁约可获得家庭养老金 22 万元，子女教育金 8 万元，同时获保 21 种重大疾病，比较适合小康类的三口之家。

望子成龙、盼女成凤是每位家长对孩子的最大期盼。为了给子女良好的教育以提高未来进入社会的起点，家长们大多早早地开始筹备教育金。由于教育金稳定与保本的硬性要求，使得家长们在筹划教育金时，只能借助最稳妥的理财工具（储蓄和保险）去实现。然而，不断走高的 CPI 指数却让教育金不断"缩水"。那么，如何借助基金、股票、投资性保险等理财工具，让教育金"活"起来的同时，更增值地完成教育金筹划的目标呢？拥有超前的意识和科学的理财观念，会带给孩子和家人永远优于别人的竞争起点！

4. 低收入家庭如何理财

很多人认为收入低谈理财有些奢侈，他们都认为自己收入微薄无财可理，其实不然。理财简单地说是和生活息息相关的，只要善于分析和总结掌握三大策略，就可以积少成多，让自己财务自由。

策略一：有意识地积极攒钱

现在物价上涨如此厉害，使很多人都感觉赚钱的速度赶不上物价上涨的速度。收入少，消费却不少——这是目前大多数低收入家庭所面临的问题。每个家庭每天都面临着巨大的开支：吃、喝、水电费、人情往来等，再加上物价上涨更让低收入者无法面对。要想获取家庭的"第一桶金"，首先要减少固定的一些开支，即通过减少家庭的一些近期消费来积累一些剩余资产，进而用这些剩余资产进行再投资。低收入家庭一般可将每月各项支出列出一个详细清单，逐条具体分析。在不影响生活的前提下减少一些不必要的浪费，如逛街购物、一些休闲娱乐等项目，这样可以节约一部分钱。以住房为例，对于低收

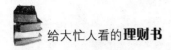

人家庭来说，以居住为标准，忌贪大求豪华舒适，尽可能压缩购房款总额。可考虑先买一套面积比较小、价格相对便宜的二手房，今后通过置换，会比直接购买新楼轻松好多。

（1）不要小看"一百元"

每个人都认为要理财必须有财可理，怎样找这个"财"呢？很多人选择的是努力加薪，买彩票大赚一笔，却很少有人重视身边的"一百元"，大部分人认为："一百元"能有什么用啊，我虽然穷但不在乎那钱。而那些富人和懂得理财的人却知道如何利用一百元来产生更多的价值。如果你知道你每天省下一些一百元、五十元的咖啡或者奢侈品，抑或是打车的钱，三十年后你知道你有多少钱吗？三十年后你就是千万富翁了，这样你还会看不起那"一百元"吗？你明白富人是如何理财吗？所以不要说我忙忙的没时间理财，这样的理财需要每天花费很多时间吗？是很复杂吗？答案是否定的，只要我们有理财的意识就行了，怕就怕在我们既没意识也没行动！

（2）复利的力量

著名科学家爱因斯坦说过一句话："世界上最伟大的力量不是原子弹，而是复利。"那些懂得理财的人连一块钱也知道怎样去理，他们懂得怎样用小钱在未来时间里赚更多的钱，所以世界上就有了穷人和富人的分别。为什么有穷人和富人呢？穷人就是拼命赚钱然后把钱花光，再努力赚钱。赚多少花多少，最后还是无法让自己财富增加。

如果你看到这里就开始痛下决心，从今天起开始严厉要求自己绝不多花一分钱的话，这也是很危险的。因为你要确定自己是不是勉强的压抑自己。因为你一时的勉强自己、压抑自己，会导致你忽然有一天受不了了，你想犒劳一下自己，那样的话你会花掉你辛辛苦苦攒下来的钱，甚至会预支你准备投资到未来的钱。这样岂不更可怕？所以我们要从心里彻底了解自己的真实想法，学习怎样花钱花得不痛苦。

我们要区分开自己"想要"和"必要"的东西，然后把自己的欲望排序，照着顺序聪明地花钱，但往往很多人不会区分自己的欲望。

所以我们要认真剖析自己，相信复利的力量。

策略二：善于购买保险

意外对每个人来说都是始料不及的，就北京而言，每天因为意外事故受伤住院的达上万起。我们生活在车多人多、空气污染较严重的社会中，不得不做一些措施来"防患于未然"。一场大病，就可以让一些低收入家庭倾家荡产甚至负债累累。因此，低收入家庭在理财时更需要考虑的是要"未雨绸缪"，以购买保险来提高家庭风险防范能力，转嫁风险，从而达到靠保险公司来摆脱困境的目的。所以建议低收入家庭选择纯保障或偏保障型的产品，以"健康医疗类"保险为主，以意外险为辅助。特别是对于那些社会医疗保障不高的家庭，比较理想的保险计划是购买重大疾病健康险、意外伤害医疗险和住院费用医疗险套餐。如果实在不打算花钱买保险，建议无论如何也要买份意外险，万一发生不幸，赔付也可以为家庭缓解一些困难。考虑到低收入家庭收入的很大部分都用于日常生活开支和孩子的教育支出方面，保险支出以不超过家庭总收入 10％为宜，而保险的侧重点也应该是扮演家庭经济支柱角色的大人，而不是孩子。孩子都是在父母的呵护下成长的，大人多为自己考虑一下也是为孩子着想，一旦发生危险，保险可以让自己的爱延续下去！

我们在自己有能力时为家庭贡献力量是我们自己必须做的，但在自己无能力时照样可以为家人贡献力量这就要依赖于保险。

策略三：敢于投资，慎重投资

对于低收入家庭来说，薪水往往较低，经不住大风雨，因此，在投资前要有心理准备。首先要了解投资与回报的评估，也就是投资回报率。要基本了解不同投资方式的运作，所有的投资方式都会有风险，只不过是大小而已，但对于低收入家庭来说，安全性应该是最重要的。喜欢投资什么，或者认为投资什么好，除了看投资对象有无投资价值外，还要看自己的知识和专长。只有结合自己的知识专长投资，风险才能得到有效控制。低收入家庭每月要做好支出计划，除了

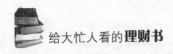

正常开支之外，将剩余部分分成若干份作为家庭基础基金，进行必要的投资理财。目前，股票、期货市场的行情都不太好，而且风险较大，工薪家庭的风险承受能力较低，可投资人民币理财产品、货币市场基金和国债，这样既能享受相应的利率，又可滴水成河。

对自己的投资是最大的投资，对自己投资是很有必要的，收获也是丰厚的！理财并不是短期带来非常大的收益，它是一个中长期的规划。短期就见收益的是投机，投机是有风险的。

5. "月光族"如何理财

什么是"月光族"

"月光族"是指将每月赚的钱都用光、花光的人群，同时，也用来形容赚钱不多，每月收入仅可以维持每月基本开销的一类人。"月光族"是相对于努力攒钱的储蓄族而言的，"月光族"的口号是：挣多少花多少。

在"月光族"的许多年轻人中流行着一种享乐的消费观念，他们每月的收入全部用来消费和享受，每到月底银行账户里基本处于"零状态"，所以就出现了所谓的"月光族"这个群体。"月光族"的基本特征是：每月挣多少，就花多少；往往穿的是名牌，用的是名牌，吃饭下馆子，银行账户总处于亏空状态；他们偏好开源，讨厌节流，喜爱用花钱来证明自己的价值；他们还常常认为会花钱的人才会挣钱，所以每个月辛苦挣来的"银子"，到了月末总是会花得精光。这就是"月光族"的真实写照。"月光族"表面上看起来十分风光的生活，实际埋藏着巨大的隐患，他们的资金链是处于"断开"状态下的。没有积蓄，所有的收入都消费了，看似潇洒的生活方式是以牺牲个人风险抵御能力为代价的。导致的后果是，这些人很有可能因为一次意外（疾病、失业等），而使个人资金流出现严重问题，以至于无法抵御这

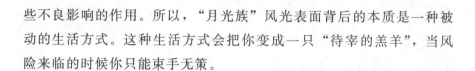

些不良影响的作用。所以，"月光族"风光表面背后的本质是一种被动的生活方式。这种生活方式会把你变成一只"待宰的羔羊"，当风险来临的时候你只能束手无策。

怎样脱离"月光族"

（1）强制储蓄

"月光族"认为赚钱就是花钱，花完了才有动力赚钱，与老一代人不同，他们没有节约的意识，只花不存是他们的根源问题，所以要想让"月光族"理财必须从根源上改变他们的观念。每月拿出工资的1/4做为固定投入纳入储蓄计划，最好做零存整取，虽然每月存不了多少钱但从长远来看可是一笔不小的资金。

（2）尝试适量投资

我国目前的投资渠道有很多种，短期的有股票、基金、信托、人民币等，但是收益率不是很高，建议一些年轻没有理财经验的人可以买一些基金，因为基金有专业人员进行操作，可避免因为经验不足导致投资失误。由于基金"定额定投"起点低、方式简单，所以它也被称为"小额投资计划"或"懒人理财"。基金定期定额投资具有类似长期储蓄的特点，能积少成多，平摊投资成本，降低整体风险。它有自动逢低加码、逢高减码的功能，无论市场价格如何变化总能获得一个比较低的平均成本。因此，定期定额投资可抹平基金净值的高峰和低谷，消除市场的波动性。只要选择的基金有整体增长，投资人就会获得一个相对平均的收益，不必再为入市的择时问题而苦恼。

6. "丁克族"如何理财

什么是"丁克族"
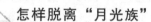

现代生活中，越来越多的人想摆脱传统婚姻生活中传宗接代的观

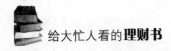
念，他们更倾向于过有质量的、自主的"二人世界"生活。在国外，"丁克族"相当盛行，而对于大多数中国年轻人来说，"丁克"这个词汇也早已不再陌生。近几年来，"丁克"家庭在城市青年比例有逐渐增加之势，特别是白领夫妇之中，他们不愿意一辈子为子女操劳，奉献一切，他们认为活着就是为自己而活，没必要为了孩子没日没夜的干，希望尽情地享受二人世界。

"丁克"一词来源英文 Double Income No Kids，将它们的首字母D、I、N、K 组合就成了 DINK，DINK 的谐音就是"丁克"。仅从单词字面解释就是：双收入，没有孩子。那么有些由于生理或者经济原因没有生育的家庭是否也算是"丁克族"呢？从广义的定义来说，这一类不算"丁克族"。一般来说，"丁克"是指能生但选择不生育，并且主观上认为自己是"丁克"的夫妇或者个体。所以要成为"丁克族"必须是可以生育但自己主动不生育的，而且，主观上对自己"丁克"身份接纳和认可——他们认为"丁克"是一种生活方式——这是非常重要的因素。

所以说，"丁克族"是认可自己是"丁克"角色的群体，为了追求高品质或另类生活而坚持自己的选择，并乐于经营与享受自己的"丁克"生活，这是一种生活姿态，如今，"丁克族"也已从另类变得越来越普遍。

"丁克族"如何养老

对于"丁克"家庭来说，养老是很重要的。"丁克"家庭不需要子女投入，往往会闲置大量资金，但大多数年轻的"丁克"，只在乎眼前享乐，没有明确的理财规划，更不为养老远虑，这也成为目前"丁克"家庭最集中的问题。所以在"丁克族"里积累养老金在理财规划中占有重要的地位。在推算未来所需的养老资金时，需要强调两个假设：生存时间和未来的通胀率。生存时间越长，通胀水平越高，所需要准备的养老金额越大。因而"丁克族"需利用闲散资金进行合理投资理财。

（1）建立风险保障

由于生活环境和工作压力的问题，疾病一直困扰着大多数人，许多家庭都因为突如其来的大病而倾家荡产、负债累累。为了避免重大疾病、意外或身故给家庭带来巨额资金支出的风险，"丁克"家庭可以购买商业重大疾病险和商业寿险，保费一般为个人年收入的 1/10，保额为年收入的 10 倍。

（2）建立家庭应急资金

每个家庭都有一些意想不到的开销，如果没有预留出来的话我们可能要动用未来预存的资金，"丁克"家庭需预留 5—6 个月工资以应对紧急开销。这部分资金可以存银行活期存款，但利率较低。"丁克"家庭可以考虑投资银行中短期理财产品，比如光大银行的"活期宝"或"盈"系列产品，这两款产品的灵活度高，年化收益率也远远高于活期和通知存款利率。

（3）合理管理现金

由于"丁克族"相对于普通家庭来说闲散资金相对较多，少了一些孩子教育的资金投入，所以管理现金对"丁克族"来说也是很重要的。对"丁克"家庭来说，基金定投是最简洁便利的养老理财方式。然而任何投资都是有风险的，为了降低风险，投资者一般都会选择不同类型的基金进行组合配置购买。也可以选择一些有效的策略就是分散投资，在不同种类的投资工具中选择多种产品，如股票、债券、基金、银行存款、现金等。选择风险收益特征不同的投资品种组合可以兼顾风险与回报。

7. 理财中的"马太效应"

《新约·马太福音》中有这样一个故事：国王远行前交给三个仆人各一锭银子，并让他们在自己远行期间去做生意。国王回来后把三

个仆人召集到一起，发现第一个仆人已经赚了十锭银子，第二个仆人赚了五锭银子，只有第三个仆人因为怕亏本什么生意也不敢做，最终还是攥着那一锭银子。

于是，国王奖励了第一个仆人十座城邑，奖励了第二个仆人五座城邑，第三个仆人认为国王会奖给他一座城邑，可国王不但没有奖励他，反而下令将他的一锭银子没收后奖赏给了第一个仆人。国王降旨说："少的就让他更少，多的就让他更多。"这个理论后来被经济学家运用，命名为"马太效应"。

这则故事折射出理财的真谛：一开始你手头的钱少，问题并不大，关键在于你是否想改变，是否想由少变多，多了再多，而理财正好帮你积少成多，从少到多，多的更多。但是如果你不相信理财的力量而不去理财，那你就会和第三个仆人一样，不但不会变富，反而财富会越来越少。这可以归纳为：任何个体或群体，一旦在一方面取得成绩，获得成功和进步，就会产生一种积累优势，就会有更多的机会获得更大的成功和进步。懂得金钱的价值，学会理智理财是每个现代人必备的生存能力，因为这样你才不会被生活淘汰！

我们先撇开"马太效应"在社会心理学和道德层面上的弊端，就在日常生活中，也不乏像第三个仆人那样的不善理财者。相反，善于理财如同滚雪球一样越滚越大，能使财富实现快速增长。这样，只会使强者更强、弱者更弱，只有学会梳理财富，才不会被强者吞食。这并不是社会的不公平，从出生的那天起，就注定是要争取的，一个人若只想坐收渔翁之利，那么他浪费的机会成本将大大高于那一点蝇头小利。在当今社会，如果一个人过于保守的话，那么在财富的道路上就会应验"马太效应"，会导致贫者更贫，富者更富。

"马太效应"对于领先者来说就是一种优势的积累，当你已经取得一定成功后，那就更容易成功，强者总会更强，弱者就会更弱。物竞天择，适者生存，一旦成为强者，随着积累的优势将会有更多的机会取得更大的成功和进步。所以，如果你不想在你所在的领域被打败

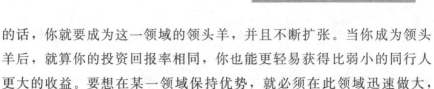

的话，你就要成为这一领域的领头羊，并且不断扩张。当你成为领头羊后，就算你的投资回报率相同，你也能更轻易获得比弱小的同行人更大的收益。要想在某一领域保持优势，就必须在此领域迅速做大，积累优势。

负利率这张"看不见的手"如同国王一样，它让不善理财者尝尽通胀带来的苦果，辛辛苦苦积攒的家财不但没有增值反而贬了值。而善于理财者，它则让他们尽享负利率带来的"房产升值"等理财果实，从而使自己的钱像滚雪球一样实现快速增值。如果"穷人"不改变理财思路，继续保守理财的话，那还是会应验马太福音中的那句经典之言：让贫者越贫，富者越富吧！

8. 不要把鸡蛋全放在一个篮子里

鸡蛋和篮子，这个投资界最著名的比喻来源于 1990 年诺贝尔经济学奖的获得者马克维茨。它的含义是：把你的财产看成是一筐鸡蛋，然后你必须把它们放在不同的篮子里，万一你不小心碎掉其中一篮，你至少不会损失掉全部鸡蛋。

马克维茨认为：关注单个投资远远不及监控投资组合的总体回报来得重要。对于股票和债券来说，二者之间可能只有很低的相关性。如果你有很多项投资，你就会看到他们的表现在第一年和第二年差别很大。

鸡蛋放在不同篮子里的主要目的是，使你的投资分布在彼此相关性低的资产类别上，以减少总体收益所面临的风险，而且多样化投资组合的波动性更小。大多数人同意把鸡蛋放在不同篮子里，是因为"鸡蛋易碎"，也就是从风险的角度来考虑的。如果你把全部家当押在一项资产上，那么在市场波动面前就会变得无比脆弱。

有些保守的人把钱放在银行里生利息，认为这种做法安全也没风险；也有些人买黄金、珠宝寄存在保险柜里以防万一。这两种人都是

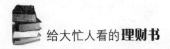

以绝对安全、有保障为第一标准，走极端保守的理财线路，或是说完全没有理财观念。从风云突变的市场来说，单靠一种投资工具风险太大。目前投资工具十分多样化，名目也分得很细，每种投资渠道下还有不同的操作方式，若不具备长期投资经验或非专业人士一般还真弄不清。我们要对投资的工具有基本的了解，并认清自己的需求，搭配组合来投资。

不要把鸡蛋放在一个篮子里，同时也是比尔·盖茨的理财观念。

比尔·盖茨曾经连续三年稳坐全球首富的地位。但是，新经济泡沫爆破，微软公司股票的价格曾下降63％。因而，比尔·盖茨在英国《星期日泰晤士报》2001年的世界富豪排行榜中丧失了首富地位，他拥有的资产估计损失200多亿美元，降至540多亿美元，少于拥有650多亿美元财产的美国"超市大王"——沃马特公司老板沃尔顿。

然而，比尔·盖茨其实并不是"把鸡蛋全放在一个篮子里"，而这也是他投资聪明之处。比尔·盖茨看好新经济，但同时认为旧经济有它的亮点，也向旧经济的一些部门投资。美国《亚洲华尔街日报》曾经刊载一篇文章，评论比尔·盖茨的投资战略。文章引用纽约投资顾问公司汉尼斯集团总裁查尔斯·格拉丹特的话说，比尔·盖茨的投资战略令人感兴趣的是："比尔·盖茨看到了把投资分散、延伸到旧经济的必要性，而他的好友巴菲特却没有看到把投资分散到新经济的必要性。"现年70岁的巴菲特素有华尔街"股王"之称，他的投资对象都是旧经济部门公司。他在可口可乐公司、吉列剃刀公司和《华盛顿邮报》公司等老大企业都持有大量股票，他从来不投资科技股。巴菲特的投资公司确实曾经赚了不少钱，但他在全球富豪排行榜上仍然落后于比尔·盖茨。

比尔·盖茨分散投资的理念和做法由来已久。据《亚洲华尔街日报》报道，比尔·盖茨1995年就建立了名为"小瀑布"投资公司（CascadeI nvestment LLC），由不大出名但颇有眼光的华尔街经纪人迈克尔·拉森主持。这家设在华盛顿州柯克兰的公司只为比尔·盖茨的投资理财服务，主要就是分散和管理比尔·盖茨在旧经济中的投资。这家公司的运作十分保密，除了法律规定需要公开的项目，其活动的具体情况很少向公众透露。不过根据已知情况，这家公司的投资组合共值100亿美元。这笔资金很大部分是投入债券市场，特别是购买国库券。在股价下跌时，政府债券的价格往往是由于资金从股市流入而表现稳定以至上升的，这就可以部分抵消股价下跌所遭受的损失。同样，小瀑布公司也大量投资于旧经济中的一些企业，并以投资的"多样性"和"保守性"闻名。它在这方面的一个惯用手法是"趁低吸纳"，即购买一些价格已经跌到很低的企业股票，等待股价上升时抛出获利。

查尔斯·格拉丹特在概括比尔·盖茨的投资战略时说："从比尔·盖茨的投资活动中学到的应当是：你应该有一个均衡的投资组合。"他说，投资者——哪怕是比尔·盖茨那样的超级富豪，都不应当把"全部资本押在涨得已很高的科技股上"。

总之，在理财投资问题上，要做到四忌：一忌违法；二忌盲从；三忌集中，投资要多样化，不把鸡蛋放一个篮子里；四忌徘徊，要善于分析，及时抓住机遇，及早下决断。

9. 选择家庭理财的最佳途径

如果收入像一条河，财富是你的水库，花钱如流水，那么理财就是管好水库，开源节流。虽然现在基金、股票等理财产品很多，但是很多人依然还是倾向于把手中的闲钱存起来。中国人民银行居民储蓄问卷调查显示：自2007年第二季度起居民存款利率"适度"的比例逐季攀升，由第一季度的39.6%升至第四季度的46.3%，累计提高了6.7个百分点，随之而来的是越来越多的人把钱存入银行。储蓄依然是城乡居民理财的主要途经。

在国外，储蓄也是一种重要的理财方式。美国巨富 Warren·

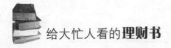

Buffet 6 岁就开始储蓄，每月存 30 美元。13 岁时，当他有了 3000 元，买了一只股票。他年年坚持储蓄，年年坚持投资，十年如一日，他坚持了 80 年。储蓄究竟有什么魅力让这个美国巨富坚持了这么多年呢？

观察我们身边的朋友会发现，几乎每个有经济能力的人都是这样，他们能持有大量定期存款，从几万到几十万不等，并且大部分为一年定期。从收益、流动性等多方面来看，货币基金都有优势，可是为什么银行定期存款远远大于货币基金的规模？这是因为储蓄相比较于货币基金更能为人们所熟知和接受。对于大多数人来说，储蓄理财是人们生活中非常重要的一部分。储蓄不仅为个人创造了收入，赋予了个人一种稳定感和生活中的方向感，而且为整个社会创造了财富。

家庭理财从储蓄开始

储蓄是居民传统的理财手段，是利国利民支援国家建设的举措。一些人——特别是中老年人有把"余钱存银行"的习惯。越来越多的人把钱存入银行，原因是多方面的，其中最主要的就是储蓄安全可靠。而储蓄利率又是国家统一制定的，因此收益稳定，预期也是可知的。储蓄存款结构指存款的种类、数额和存期，合理安排存款结构可获得高利息收入，同时还能保证存款的流动性，如今，对大多数人而言，储蓄是家庭理财计划的好帮手，人们还可以依个人意愿选择储蓄的存期，通过储种选择的不同方式，从中获取最大的收益。另外，它不仅能让人们做到花钱有计划，用钱有记录，还有助于培养年轻人勤俭持家的好作风。

储蓄，尤其是银行储蓄是最合适的方法之一。银行的利率不断地提高，是大部分人将钱存入银行的首要原因。因为利率的升高，就意味着利息的升高。吸收存款后，将存款借给需要钱的人，即贷款，通常货款利息比储蓄利息高，这样银行可以从中盈利。而后银行会把获取的利润一部分给存款人，从而存款人也可以获得利息。

持续的储蓄让家庭变得富有

许多年轻家庭都有一个错误的观点，他们认为随着收入的增加，家庭会自然而然地变得越来越富有。然而事实上，这是不可能实现的！也许年轻家庭们并不认同，也许他们会问：为什么收入的增加无法使家庭变得富有呢？

人们的物质需求与欲望是和收入同步提高的，也就是说夫妻的收入越多，需求也就会越多，这也就是说家庭收入与支出的百分比不论在何种情况下，往往都会保持不变，甚至支出更多！比如，大部分月收入 3500 元的家庭会坐公车上下班，而月收入 10000 的家庭则会天天打车上下班，对于交通费支出而言，很显然这两种情况占各自收入的百分比甚至后者要超过前者。如果以夫妻俩现在的收入无法让收支达到平衡，那么，我们敢预言：当夫妻俩的收入增加一倍时，还是会出现同样的状况。

也有的夫妻会这么说："我同意储蓄，但我的方法是每年储蓄一次，把全年需要储蓄的金额一次放到银行里不就行了！"我们不得不说，这种想法也是很难实现的。如果夫妻俩现在的月收入是 8000 元，储蓄 10%——就是 800 元，这简单得很。而如果要他们把一年收入（按 20 万计算）的 10%——也就是 2 万元存起来，这似乎就要困难得多，因为没有哪个家庭到了年底，工资的余额能够有 2 万元的。由此可以看出在低收入时进行储蓄是比较容易的，因为金额愈大，给家庭造成的心理压力也就会越大。

储蓄是善待自己的最好方法

说到善待自己，许多小夫妻也许都会觉得他们正在这么做，他们会每天吃最好的食物、把自己打扮得美丽动人、享受艺术与娱乐带来的休闲乐趣，但这一切在我们看来不过是表面的浮夸罢了。小夫妻们都忽视了一点：他们正在持续地付钱给别人，可从来没有付给过自己。买了最好的食物，他们会付钱给厨师或食品店老板；打扮自己，他们会付钱给美容院和理发师；享受艺术与娱乐带来的乐趣，他们会

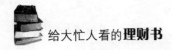
付钱给电影院和酒吧……

但是他们什么时候付钱给过自己？在你们的生活中，自己的地位应该不亚于厨师、理发师和电影院老板吧！

因此，年轻家庭们应该学会付钱给自己！而这通过储蓄便可以实现！每个月将收入的固定一部分（可能是10%或者15%）存入自己的账户，这样一来，小夫妻们就可以利用这笔钱达到致富的目标。这样做以后，小夫妻们将会发现：是用收入的全部还是90%或85%来支付生活所需的费用，对一个家庭而言其实是一样的，而后者让小夫妻们还拥有了10%或15%的储蓄。

为家庭积累资本

储蓄还能够帮助小夫妻的家庭进行原始资本的积累。他们可以用固定的一部分家庭收入来进行这种资本的投入。假设这部分资本金的固定额度是家庭总收入的10%，那么小夫妻们应该如何累计这部分家庭资本呢？首先他们需要开设一个存储账户，每个月初，将家庭收入的10%存入这个账户；要把持住自己，任何时候都不要轻易动用这个账户里的钱；找到适当的机会，用这个账户里的钱进行投资；当这个账户里的金额越来越多时，小夫妻们将得到更多的生活乐趣和安全感。

要做到科学合理地储蓄

货币、基金在中国还是个新生事物，很多老百姓对其还不是很了解，甚至相当一部分人因对"基金"有误解，有着抵触情绪，特别是前几年基金收益不好，有的人甚至连"基金"两个字都不想听到。

在个人理财大行其道的今天，许多人忽视了合理储蓄在理财中的重要性，不少人错误地认为只有理好财才是关键，储蓄与否并不重要。其实，储蓄是投资资金的源泉，只有持之以恒，才能确保理财规划顺利进行。因此，进行合理的储蓄，是万里长征的第一步。

理财是为了实现人生的重大目标而服务的，储蓄存款是一种投资行为，每月的储蓄其实就是投资的来源。因此，合理地储蓄应该先根据理财目标，通过精确的计算，得出每月必须要存入的准确金额；然后量入为出，在明确的理财目标的指引下，每月都按此金额进行储蓄。而储蓄过后，每个月的支出就是每月的收入扣除储蓄额后的结余了。正确的方法决定最后的成果，如今很多储蓄理财计划大都是在家庭月结余的基础上来做的，根本不考虑家庭每月的支出与分配的合理性，现有的结余是否可以满足客户达成理财目标的愿望，这在一定程度上造成了理财储蓄客户的误解。

人们进行科学、合理储蓄的过程中，也可能会遇到开支方面的问题，当开支无法压缩的时候，该怎么办呢？第一，修正理财目标，延长达成目标实现的年限；第二，增加收入，如果既不想压缩开支，又要如愿实现目标，那就只能想办法增加自己每月的收入。但如果你是一个收入稳定的人，还是调整自己的储蓄理财目标比较合理。

（1）计划储蓄

这种方法指的是夫妻双方在每月的家庭收入中除了必需的生活费用和开支外，将剩余的钱按家庭理财计划中事先制订好的储蓄计划进行储蓄。这样做的好处是可以减少许多随意性的支出，使家庭日常经济支出处于可控制的范围内。

（2）按月储蓄

这种方法的实用性很广，也被称为"12张存单储蓄法"，它是将除了必要生活开销以外的家庭剩余资金分成12份，每个月存一张一年期的定期储蓄。这样一来，每张存单一年后到期，再继续连本带息转入下一个年度的储蓄期。这样做的好处是：在一年中每个月都会有存单到期，一旦家庭急需用钱，只需动用最近期限的一张存单，而避免了动用全部存单，可减少利息的损失。

（3）巨额支出储蓄计划

如果家庭想投资购买某件大额商品或家庭遇到可预料的大额支出，就需要建立针对这项巨额支出的储蓄计划。其具体的方法是：由

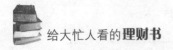
夫妻双方通过讨论，确立一个切实可行的储蓄指标，并制定储蓄措施，在不妨碍家庭正常生活的基础上，实现储蓄目标。

（4）用节约的钱进行储蓄

顾名思义，这种方法要求夫妻以节约作为家庭消费的重心，减少不必要的开支，如戒烟戒酒，不进高级饭店，不买奢侈品和闲置不用的商品等，杜绝一切高档消费、随意消费和有害消费，用节约下来的钱参加储蓄。

上述这些储蓄方法都有各自的特点，每个家庭应该根据各自家庭的实际情况来选择其中的几种方法组合使用。这样，储蓄的效果会比较明显，使家庭能够比较快地进入状态，增加对储蓄的信心。

储蓄理财是一个非常漫长的过程，理财的目的是树立财富，增值生活，树立起正确的储蓄理财观念，为以后的投资能多积累些资本，从而顺利达成我们的人生目标。

10. 学会理财，引领色彩人生

要圆一个美好的人生梦，除了要有一个好的人生目标规划外，也要懂得各个阶段的生活所需。理财是一辈子的事，所以，一生的规划应及早进行，及早学会理财引领色彩人生！

大忙人投资的"三三"原则

"三三"原则的意思是：每天为它花费的时间不要超过 30 分钟；信任的专家不要超过 3 个；投资品种不要超过 3 个。

随着货币的贬值，几乎所有的人都开始意识到把钱简单地放在银行里不进行投资的话，可能会获得负利率。而且，整个资本市场那么繁荣，不去和通货膨胀较量一下，连"钱"自己都会感到无聊。

但是，想通过投资获得好的收益又要花费多少精力呢？这种时间和脑力上的奢侈让许多繁忙的白领望而却步。为了规避风险，他们购买的金融产品其实和风险承受能力最低的退休人员差不多，这样一来，自己也就错失了资产进一步升值的机会。也有很多白领，虽然繁重的工作占据了他们绝大部分时间，但他们会根据自身特性，做出相应的策略，即使市场非常动荡，他们的投资也获得了非常不错的收益，而且省时省力。

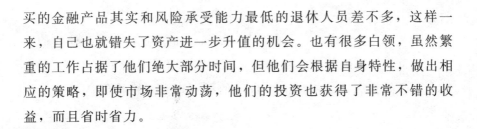

建立自己的基金组合

李女士所在公司的项目相当一部分是由她来主持执行的，在面对客户的很多时候，不要说及时地得到股市即时信息，为了礼貌连手机也要关掉，而这并不影响她在国内 A 股市场的投资。买股票是买一个最好的行业里最好的公司，而一个行业的景气周期不会在和客户谈话的几小时里发生改变；而那个最好的公司也不会因为那几小时出现大的偏差，所以时时关注股市"K"线图，根本没有什么用处，只会浪费时间和损坏人的视力。长期持股的收益要明显比跳来跳去好得多。对于基金，李女士买得更多的是股票型和平衡型，而且买入的基金从来没有换过手，她对于所有的基金分红全采用了分红再投资的方式。在基金品种上，李女士更喜欢定投指数基金，因为这种"傻瓜投资"能有效地跟上市场趋势，不必担心一些行业或公司出现突发性问题而造成投资损失。

建议大家和自己银行的客户经理保持密切联系，他们通常会比较负责地回答你的投资方面的有关问题，这一点对于大忙人来说显得尤为重要。

如果投资者投资指数基金，从长期来看，投资指数基金是很好的。但在今年这种大幅震荡的行情下，投资者就会很痛苦。因为大盘一旦下跌，指数基金往往跌得最多。如果出现下跌的时候投资者就感到痛苦得受不了，可能一下跌就会出局，谁知道大盘会再跌还是涨，出局的决策就让你的投资回报大大降低了。只有投资者的投资获得更大的舒适度以后，才能面对波动泰然处之，以期长期获得丰厚的

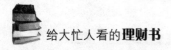

收益。

　　为了不让我们辛辛苦苦赚的钱无声无息地溜走，为了不使我们再为了几百块钱加班加点地做兼职，从现在起让我们好好学会理财吧，结合自己的情况，分析出适合自己的投资理财，轻松创造出美好的未来。

第三章
建造黄金屋——房产

作为固定资产，房产既看得见也摸得着。这几年，随着房价的不断上涨，人们对房产投资的热情也持续高涨。所谓房地产投资，是指资本所有者将其资本投入到房地产业，以期在将来获取预期收益的一种经济活动。作为投资产品，与股票和基金比较，房地产相对稳定。这是因为房地产市场长期看好，只要具有相对超前的投资眼光，都会得到一个较好的投资回报。

1. 没钱也能投资房地产

很多人以为没有钱就不能投资房产，所以大多数人都说自己有强烈的致富欲望，可却没有投资！其实这样的人很适合投资房地产，房地产最适合没有钱的人来起步投资。因为房地产投资靠的是"智"而不靠"资"，而"没钱"正是发动智慧最大的动机。

也许你不相信，但现实生活中房产投资"操盘手"为数众多，可谓"八仙过海，各显神通"，但由于"表达能力不足""缺乏专人整理""保护财富隐秘"等原因，这些人的投资绝技一直都"深藏地下""秘而不宣"。为什么不管房价涨跌，都能够立于不败之地？为什么不用自己的钱也可以投资房地产？为什么可以保证交易各方都是"赢家"？其实，解决的方法常常很简单，不管你是何种人、不管你是否有钱，你都可以大声宣布："我没钱，但我一样可以投资房地产买房致富！"

灵活学会"转"的运用

房地产投资对象是不动产，土地及其地上建筑物都具有固定性和不可移动性。这一特点给房地产供给和需求带来重大影响，如果投资失误会给投资者和城市建设造成严重后果，所以投资决策对房地产投资更为重要。

虽然房产是不动产，但它可售、可租、可抵押，又具备有效抵御通货膨胀的优势，所以一直受到投资者的青睐。前些年，我国楼市狂飙，房产投资者从中获利不少，全国掀起了房产投资的热潮。

某个新楼盘为了促销进行打9折的优惠，不少人看了之后都十分

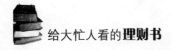

心动，小张更是如此。因为他今年准备结婚，这个地段这个价位的楼盘可不多见，据他了解，去年这个楼盘一期开盘时房价要高出现在很多。所谓"机不可失，时不再来"，小张打算买一套以备结婚之用，可是手头没钱又不想错失购买的最佳时机。这可如何是好？忽然他想起来现在与父母共同居住的这套房屋可以抵押给银行贷款，这套房屋目前在他的名下无贷款。他打听了一下，从申请抵押消费贷款、办各种手续到银行审批、批贷、放贷最快也得一个半月的时间。可眼下打折优惠销售已经是末期了，自己心爱的户型偏偏又只剩下最后一套，现在办理贷款手续也来不及了，这下把小张急坏了，不知道怎么才好。

小张这个案例，就专业按揭顾问分析，有一个两全其美的办法可以让小张采用，既能让他申请到贷款又不会延误购买时间，那就是，小张可以选择"先典后贷"。所谓"先典后贷"，就是先"典当"后"贷款"，特别适用于小张这样的情况。具体做法就是：

第一，小张要想申请到抵押消费贷款，就要以个人信用资质和银行审核为前提，才可以进行"先典后贷"业务。

第二，委托典当行为小张名下的这套用来抵押的房产进行评估，然后根据市值以及小张的个人信用拆借给小张需要的钱款。一般来说，当日即可放款，最长时间为 5 天。不过在此期间，小张也需要支付一定的典当利息。假设小张需要借 100 万，借期为一个半月，按照现在典当行的最低月利息 3‰计算，小张除了要返还借款额外还需要一个月支付 3 万元的利息给典当行，另外半个月按日利息计算。

第三，在进行典当业务的同时，小张可以办理另外一个业务，那就是抵押消费贷款业务，在小张个人信用资质较好的情况下，根据银行批贷、放款速度，一个半月左右的时间银行贷款下来后，小张就可以用贷款的钱还清典当行的借款了，同时还能购买到心仪已久的房产。

虽然这个先典当后贷款的举动给人以太过大胆的感觉，但却也不失为急于用钱周转资金的好方法。虽然典当行的月利息较高，但小张购买的新楼盘打九折，以 100 万计算，节省出 10 万元，而典当月利息只有 3 万，用这笔钱支付可以说是绰绰有余了。

投资房地产不是有钱人的专利

日常生活中，普遍的工薪阶层或中低收入者都抱有"有钱才有资格谈房地产投资"的观念，认为每月固定的工资收入应付日常生活开销就差不多了，哪来的余财可投资呢？"投资房地产是有钱人的专利，与自己的生活无关"仍是大部分工薪阶层的想法。而事实上，越是没钱的人越需要投资房地产。

大众的生活信息多来源网络、电视、报刊等媒体，这些媒体关于投资房地产的方略是服务少数有钱人的"特权区"。如果你受这方面的影响太大，而产生这样的想法，那你就大错特错了。芸芸众生，所谓真正的有钱人寥寥无几，大多数还是中下阶层百姓和中产阶层工薪族。由此可见，投资房地产是与生活休戚与共的事，没有钱的人或初入社会又身无一定固定财产的"新贫族"都不应逃避。即使生活捉襟见肘，收入微不足道亦有可能将眼光放在房地产投资上，如果你"玩转"运用得当，更可以使自己"翻"好几个身呢！

总之，小钱的力量不能忽视，因为再多的钱也是一分一分拼起来的，就像零碎的时间一样，只要懂得充分运用，其效果就自然惊人。没钱也可以投资房地产，投资房地产要先立志，同时也要有一种好的心态。

房地产的收益率与空置率、经济周期有密切的关系，但空置率和经济周期波动在不同国家和地区是不同步的，或说它们之间的联系度也是比较低的。如，北美、亚洲和欧洲三大经济区在过去 25 年里的 GDP 增长率相关性仅为 0.26，选择全球化房地产投资战略就像将"鸡蛋放在不同的篮子里"。全国各地的房地产价格不可能完全一致，各地房价之间毫无比较参考可言。即便在同一城市，不通地段的房价

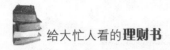

也相差甚远，黄金地段的房地产可能爆出天价，而地理位置相对较差的房地产可能无人问津。需求大则房屋售价就高，这给那些独具慧眼的有心人提供了高盈利的机会。由此也可以避免由于地域经济不景气而对房地产产生的影响，从而使风险分散，获得稳定的收益。

投资种类丰富、市场广阔

房地产投资种类丰富这种特点，有利于资产优化组合。新兴市场的国家和地区与成熟发达的国家和地区，都被国际房地产市场所包括，不动产的种类繁多，包括仓储、工业、厂房、住宅、办公楼、商业门市等，投资产品也极其丰富，既可以用直接投资兴建、收购方式拥有不动产，也可以用房地产信托投资基金方式获得所有权。丰富的投资产品和这样大的市场，为获取国际资本优化资产组合，提供了最大利润上的便利。

房地产的弊端

（1）投资额大

"有钱炒房地产，没钱炒股票。"相信这句话你一定耳熟能详，这句话从侧面反映了房地产投资额大这一特点。买邮品、买股票投资数额可多可少，弹性较大，房地产则不同，最便宜的房产也要十几万元，几十万、上百万的房地产也非常普遍。由于房屋价值大和生产周期长，致使要投资房地产，就必须要具备足够大的投资资金。

（2）变现能力差

所谓的变现能力，是指通过出售房地产，把房地产转化为现金这一过程的难易程度。一般房地产须持有一个合理的时间后，寻找适当时机和最佳售价在房地产市场出手。而投资者在某一时期急需用钱，把投资的房地产转换成现金也是很自然的事。但由于房地产价值量大，要经多次交易才能脱手，所以导致房地产的变现能力差。要想迅速在短期内变为现金几乎不可能，为了能迅速售出房地产，就要使其售价远远低于市场的公开价格，这可能导致投资者产生巨额损失，所

以在投资房地产之前，要对房地产变现能力差这一特点做充分地了解。

（3）投资风险大

众所周知，风险就是遭受损失的可能性或者不确定性，这点是针对未来的。任何投资都有风险，按照经济学理论，风险的大小和获利水平的高低一般来说成正比，盈利率高则风险大。业内人士公认，房地产投资资金数额大、占用时间长、变现能力差。从这个角度讲，房地产投资风险仅次于股票投资风险。放眼世界各地，房地产市场都很活跃，而且波动又较大。所以，发达国家及我国每年都有相当数量的房地产企业破产。房地产投资风险多种多样，十分复杂，对中小投资者来讲，主要包括：利率风险、变现风险、经营风险、购买力风险、意外事故和自然灾害风险。如果你在近期内也想跻身到房地产投资者的群队中，一定要记住不能只盯着收益，而忽略了各种投资风险。

（4）运作难度大

投资者在投资房地产之后，不管是租赁还是房屋买卖，都要花费大量时间和精力来管理房地产。因为房地产投资与其他投资不同，主要有以下几个方面：

第一，为了物价、税收、维修、环卫、工商、消防、行业管理等的需求，房地产投资要和很多部门打交道，甚至还要处理一些意外事故。

第二，房地产业涉及方面广，与多种行业密切相关，如市政、金融业、建材业、自来水供应业、建筑业、邮电业、园林等。这些行业与房地产业共同发展、互相依存，所以作为投资者必须要密切关注这些行业的动态。

第三，房地产业是涉及最多专业知识和知识密集型的行业，投资房地产涉及社会、法律、气象、地质、市场和管理学、建筑学、心理学、经济学等方面的知识。

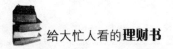

2. 房地产投资的特点

随着人们生活水平的提高，很多人开始尝试将手中闲散的资金用来投资，以期获得增值收益。相对于股票市场上的高风险来说，很多人更愿意选择比较稳妥的投资方式。房地产个人投资就是目前被大多数个人投资者所看重的一种投资方式。由于近年来房地产市场稳定发展，房价又一再飙升，甚至有专家预言房价近十年之内都会保持上涨，这就更刺激了很多个人投资者投资房产的欲望。房地产投资主要有以下几个特点：

（1）不可移动性

房地产最重要的一个特性是其位置的固定性、不可移动性。每一宗土地都有其固定的位置，不可移动这一特性使土地利用形态受到位置的严格限制。建筑物由于固着于土地上，所以也是不可移动的。因此，位置对房地产投资具有重要意义，房地产的价值就在于其位置。投资者在进行一项房地产投资时，必须重视对房地产的宏观区位和具体位置的调查研究，房地产所处的区位必须对开发商、物业投资者和使用者都有吸引力。

（2）长期使用性

土地的利用价值永远不会消失，这种特性称为不可毁灭性或恒久性。因为土地的这种特性，房地产作为一种商品具有长期使用性，具有较高的耐用性。房地产可为人类提供较长一段时间的房屋服务流量，满足消费者对房屋的消费需求。但值得注意的是，我国房地产的长期使用性受到了有限期的土地使用权的制约。国家规定的土地使用权一次出让最高年限因土地用途不同而不同：居住用地 70 年；工业用地 50 年；教育、科技、文化、卫生、体育用地 50 年；商业、旅游、娱乐用地 40 年；综合用地或者其他用地 50 年。

（3）附加收益性

房地产本身并不能产生收入，房地产的收益是在使用过程中产生的。房地产投资者可以在合法前提下调整房地产的使用功能，使之既适合房地产特征，又能增加房地产投资的收益。例如，为了满足写字楼的租客对工作中短时休息场所的需要，可以增加一个小酒吧；公寓的住户希望能有洗衣服务，投资者可以通过增加自动洗衣房，提供出租洗衣设备来满足住户的这一要求。房地产的这个特性被称之为适应性或附加收益性。

按照房地产使用者的意愿及时调整房地产的使用功能是十分重要的，这可以极大地增加对租客的吸引力。对房地产投资者来说，如果其投资的房地产适应性很差，则意味着他面临着较大的投资风险，例如，功能单一、设计独特的餐饮业，其适应性就很差，如果不想花太多的费用就达到改变其用途或调整其使用功能几乎是不可能的。所以，房地产投资一般很重视其适应性的特点。

（4）异质性

市场上不可能有两宗完全相同的房地产。具有特色的房地产，特别是某一城市的标志性建筑，对扩大业主和租客的知名度，增强其在公众中的信誉有着重要作用。每一宗房地产在房地产市场中的地位和价值不可能完全一样。从这个意义上来讲，固定位置上的房地产不可能像一般商品那样通过重复生产来满足消费者对同一产品的需求。房地产商品一旦交易成功，就意味着别的需求者只能另寻它途。异质性说明房地产市场交易的空间和时间都受到限制。

（5）资本和消费品的二性

房地产不仅是人类最基本的生产要素，也是最基本的生活资料。在市场经济中，房地产是一种商品，又是人们最重视、最珍惜、最具体的财产。房地产既是一种消费品也是一项有价资产。房地产作为一种具体的消费品，是很容易理解的，而作为一项重要资产，房地产在一国总财富中一般占有很大比重。根据有关资料统计，美国的不动产

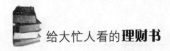

价值约占其总财富的 73.2％，其中土地占 23.2％，建筑物占 50％，属于其他财富的仅占 26.8％。因此，人们购买一宗房地产消费品的时候，同时也是在进行一项投资。

（6）易受政策影响性

在任何国家和地区，对房地产的使用、支配都会受到某些限制。房地产受政府法令、政策的限制和影响较重要的有两项：一是政府基于公共利益，可限制某些房地产的使用。如，城市规划对土地用途、建筑容积率、建筑覆盖率、建筑高度和绿地率等的规定；二是政府为满足社会公共利益的需要，可以对任何房地产实行强制征用或收买。房地产易受政策限制的特性还表现在，由于房地产不可移动，不可隐藏，所以逃避不了未来政策制度变化的影响。这一点既说明了投资房地产的风险性，也说明了政府制定长远房地产政策的重要性。

3. 怎样选择房产投资

目前市场上最具投资价值的商品非房地产莫属，这个事实已经被无数城市发展的经验所验证。在一个城市中，什么样的房地产产品投资收益率最大，成了一个相对专业和复杂的话题。众多业内人士针对这个问题总结了在做房产投资时要考虑的七个因素。

（1）方便生活

在房产业中，不管你投资的是住宅还是商业，是否具有方便的生活环境是投资能否稳当的一个基本要素。这方面特别体现在商业地产，方便生活意味着人气旺盛，价值自然就越高。

（2）时尚活力

一个有时尚感的社区环境会为它本身带来很多被看好的眼光。首先，建筑本身的时尚外观会吸引旺盛的人气，通常是现代风格、简洁的材料、透明的空间和造型，有明快的色彩穿插其中。目前在某些房地产市场，就出现了很多这样的小区。快节奏的生活让越来越多的人被有特色的建筑小区吸引过来。

（3）自然环境

不少久居城市的人们对目前居住的环境感到不满。清新空气、休闲环境、美丽自然、灿烂阳光成了人们心中理想的居住环境，因此花园洋房成了这类人的最爱之一。一般的花园洋房里，带花园的一楼或者带屋顶花园的顶楼往往最先被卖完，而且价格也是最昂贵的。

能让一个社区享有优越自然环境的无非有两种可能，一种是在山川湖泊、森林公园等自然风景区旁边占据了一个好地块；另一种就是不具备地理的优势，没有山，就自己造一个假山，没有水，就挖地成池。

（4）公共关系

公共关系是非常重要的，看一个小区的住宅是否值得投资，其中一个方式就是看这个小区的未来业主的素质是怎样的，他们的职业、生活状况、他们所代表圈层的兴趣爱好、生活格调是怎样的，这是中国人传统的以类聚之的观念，这方面在居住上也是相当重要的。

圈层概念不论是在住宅或商业地产中都有着重大的影响，在这方面很讲究。通俗地说，就是你要投资的商铺周围聚集了一些什么样的人，聚集了一些什么样的生意，这些环境对投资将产生何种影响。毕竟，做生意最重要的就是和气，这一点不仅仅是对自己的客户如此，对周围的商家、伙伴也更应该如此，这样才能和气生财。

（5）安全

对于所有人来说最重视的，就是这个问题。一个小区的安防系统做到什么程度和这个区域的治安有很大关系，一个到处以铁栅封闭门窗的城市环境的潜台词就是这个区域没有安全感。好在如今各小区都有先进的门禁系统，良好的物业保安，让投资者人身和财产安全得到了前所未有的加强，也让投资者减少了很多烦恼。

（6）安静

多数人都会觉得越安静越好，可用在房地产投资中就不能这样一

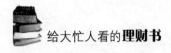

概而论了。安静指数可以从两个方面来权衡：居住环境当然越安静就越好，但这是对于住宅投资而言的，在商业地产中却意味着越热闹越好。

所以，若是想要投资商业地产，最好选择热闹的地方，有一句话不是说"人多车多生意多吗"？若是想要投资住宅，则尽可能地找个安静的居住环境，休息和休闲毕竟需要安静和轻松的心情。即使在最热闹的地段进行投资，也要尽量选择一个噪声污染相对来说比较轻微的朝阳楼层。

（7）人文环境

近几年那些带有中国传统文化主题的产品不断出现，北京有观唐，长沙有汀湘十里，成都有芙蓉古城，广州有清华坊，重庆有类似金科、东方王榭、洪崖洞这样的文化建筑。

就目前而言，东方的居住环境比不上西方的科学，但是东方住宅形态中却有一种西方住宅所没有的人文因素，它可能不是物理性的，但绝对是心理性的，能够打动业主的内心。人文环境既与建造者有关，也与居住者有关。这种氛围是一种共同的人文表现，直接反映一个社区的底蕴。相对而言，人文环境对居住有较大影响，从而刺激投资者获得利润。

投资房产如果具有了以上的因素，房产投资价值就更有市场占有率，更具有竞争力。投资者寻找投资机会可以到一些新的区域，在投资前，要尽量了解这个地域将来的投资潜力和未来的发展前景。所以，投资者一定要拥有比别人更有洞悉力的投资眼光。

4. **精品才抗跌**

过去几年间，房地产价格的飙升令人眩目，大量热钱在财富效应的驱使下纷纷涌入房地产，但是今天房产投资已经告别"遍地黄金"的年代，合理选择房产投资品种，才能继续获得较高的投资回报。

"吉芬"效应迟早会过去

房地产投资有个怪现象，就是性价比低的民宅升值反而快。比如，在北京两年前如果以 4000 元/平方米的价格在比较偏远的地段购买普通民宅，目前的二手房成交价已经达到 9000—10000 元/平方米之间，投资回报率为 100%；反过来，在两年前购买中档公寓花费大约 8000 元/平方米，而今天的二手房的成交价在 1.2 万元/平方米左右，投资回报率不足 50%。显然在过去几年投资民宅可以获得高回报。

内在价值低的民宅价格飙升主要得益于"吉芬"效应。1845 年爱尔兰爆发饥荒，导致土豆价格暴涨，而老百姓反而购买更多的是土豆而不是其他价格上涨很少的奶酪和牛肉。原因是土豆是老百姓的主食，比较容易填饱肚子，土豆价格上涨让老百姓更没有钱了，不得不放弃吃奶酪等稍贵的食品来购买更多的土豆，而这又令土豆继续上涨到无法理解地步。这就是"吉芬"效应。过去两年低档民宅价格的上涨正是"吉芬"效应的体现，低档民宅和土豆一样虽然没有太大投资价值，但都是老百姓生活的必需品，房地产价格的上涨让本来可以购买中高档住房的居民不得不更改购房计划，转而购买性价比低的住宅，这也是民宅价格大涨的根本原因。

"土豆"不会总是卖高价，民宅从长期来看也没有太大投资价值。第一，低档民宅的地段、建筑设计、人文环境都会让高端自用客户却步，因此无法长期维持高价；第二，就政策导向来看，政府限制住宅尤其是民宅的炒作，政府为城市低收入者提供保障住房是大趋势，这种政策导向随着时间的推移会明显影响低档民宅价格。所以未来 5 年随着市场供应量增加，居民住房升级和投资客逐渐抛售低档民宅，民宅的价格上涨必将大幅放慢。

捕捉地产未来热点

过去几年，全国掀起了轰轰烈烈的购房运动。在"居者有其屋"

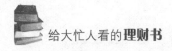

的想法支配下，人们不计代价地购房，这种全民性需求的爆发是房地产尤其是民宅价格飞升的原因。而随着居民收入的提高，大量中高端群体居住升级的需要会推高中高档公寓的价格，这可能是未来5年房地产发展的趋势。而"以房养房"、"以租抵贷"（房产投资者在以贷款方式购置了第二套房产后，往往出租其中一套房产，以租金收入偿还另一套房产的月供）的房产投资方式依旧是目前最火热的一种投资方式。

目前，北京地区中高档公寓价格都已过万元，偏高的价格让中高档公寓成交略显沉寂，但相比低档民宅，中高档公寓无论一、二手房屋性价比都更高，投资潜力更大。在前两年全民的购房热潮中，北京大量的中高端群体仓促购买了小户型或低档住宅这样不适合自己的房屋，随着居民对房地产价值认识的逐渐理性，以及居民收入的提高，未来中高档公寓必将再次成为市场追捧的热点。

核心价值是投资的关键

一些外行的人认为中高档住宅总价高、维护成本高，不如购买小户型或低档住宅好出手。其实这样的想法不完全合理，就比如你投资了一个好的产品，成本高，但收益也给力；相反，买股票不买长期看好蓝筹股反而买价格便宜的垃圾股，就没多少提升空间，甚至赔本。所以说，从投资角度看，中高档住宅长期风险反而要小。

首先，高档住宅的投资属于富人间的博弈，政府干预可能小。相反，很多人过度炒作普通民宅有违国家政策导向，未来不确定政策因素非常多；其次，从国外的经验来看，日本也曾因日元升值而出现了房地产价格飙升的局面，当泡沫破灭的时候普通住宅下跌幅度超过100％的比比皆是，但高档住宅的下跌幅度明显要小。

房地产投资需首要考虑的因素就是地段，高档住宅投资更是如此。从中长期投资房地产的角度来说，最常见的投资误区有两个，一是认为城市中心区就是最好的地段，实际并非如此。随着城市的发展，中心区也会发生变动，导致中心区变成"老城"；二是投资风景怡人的郊区，但实际情况却会受到当地生活配套和日益拥堵的城市交通影响。日本等很多发达国家的富人最终选择回城，回城首选的住宅恰恰是中高档公寓。通常随着国民经济同步增值的地段是核心商务区和核心教育区（比如北京海淀的高校聚集区），而核心商务区和教育区一旦形成几乎没有迁移的可能。投资中档住宅可多关注这两个区域。

5. 自己当房东——出租房变黄金屋

"包租婆"可以说是对一些让人心烦的房东的代名词了，几年前在国内就出现了一个职业化的房东群体——"食租族"。但对于大多数房东来说依旧是业余的，也可以说他们通过做好房东实现一个简单的理财。

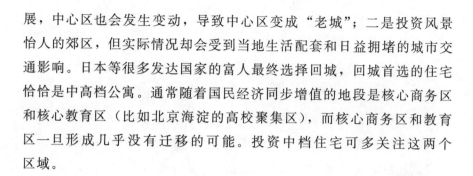

顺市而为不迷茫

在国外，其实住房的自有率并不是那么高，大部分人还是通过租房的形式来满足其居住要求的。所以，目前房屋的租赁市场仍然还有着不小的潜力。

从发展的趋势来看，随着房价的提升和人们观念的变化，租房率还有很大的上升空间，特别是在北京、上海等国际化一线城市，全国各地甚至世界各地的人才汇聚，租房者的比例会越来越高，这为那些有当房东欲望的人们提供了较为广阔的市场发展空间。

此外，随着国家有关房价调控措施以及房地产市场价格的不断升高，房价的不稳定让人们短期买卖房屋的行为大大地减少。这样一来，租金的收入对那些房产的投资者来说就显得更加重要了，而租金价格对房价的影响也会日益加大。种种迹象表明，随着市场的不断发展，当房东的确有其现实基础。

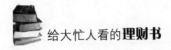

精确定位不盲目

选择一套"好"的房子是当好一个房东的关键。而其中的"好"也包括很多方面，最关键的是，一套好的房子应该适合你自身的经济状况。那么你如何根据你现实的经济实力和将来预计收入的变化情况来进行理性测算？房屋的总价应该是多少？如果是贷款的话每月能够承受的还款额又是多少？

在房屋类别和区域的选择上也是相当重要的。不难发现，有些出租房屋相对比较容易，收益率也大大高于市场平均水平；而有些房东却租房困难，总是空着房子没人租。其中的关键就在于你所选择的房子能不能满足租客的需求，或者说你所选择的房子所在区域是不是对路。其实无论是高档、中档还是低档物业，应该说都有其市场需求，不过其中也有一定规律可寻。一般而言，面积小的房子较为容易出租，目前市区租价为每月 1000 元左右的房子出租率都非常高；另外，交通方便、靠近主干道路或商圈的房子也容易租得一个好价钱，当然，究竟要投资哪类房屋还得由你的经济实力来定。

所以，选择房源关键是要从承租人的角度去考虑问题，他们会有一些什么样的需求。反过来说，你选好了房子也就锁定了目标租客，你就又可以从这类群体的角度出发，来对房子的装修、小区的环境等要素作出评判，然后再作出自己最后的决定。有了这些理性的计划，购房当了房东后，就不会使房子成为你生活中的包袱，当房东也可以当得轻轻松松、实实在在一些。

知己知彼不被动

有人说，房子租得便宜是房东挑房客，房子租得贵就是房客挑房东了。但是不管房客怎么难找，房东在确定与房客的租赁关系之前也一定要挑一挑，至少要对房客们的情况进行比较、详细了解他的个人信息，从中选择最优的。

但由于寻客心切，很多房东很容易忽视一些细节问题，比如到底是谁住，房客提供的职业是否真实，是否有按时偿付能力，有无房东无法接受的不良嗜好，租屋的实际用途等。还有的房东一不留神，就把房子租给了涉案在逃人员，结果到头来自己倒霉。由此不难看出，挑房客有多重要。业内人士建议，要详细了解出租对象的背景，出租对象尽量以家庭为单位，尽量选择学历高、有良好教育背景、职业理想的人士。

在确定与房客的租赁关系前，应仔细核对房客身份证明文件，询问房客承租房屋的动机，以免房客趁机冒名承租，并利用租房从事非法行为。同时尽量了解房客的职业、习性，必要时请房客留存其个人身份证复印件及紧急联络人的姓名、电话、地址。

如果房客是如公司、社团，应由法人签约或经由法人授与代理权的代理人签约，并应避免以私人名义租用而交由公司使用的情形。

选好房客后，不要忘了最重要的一环就是双方签订《房屋租赁协议》。中介处都有这个协议的正式文本，网上也可以搜索下载到，签好协议之后，您就开始正式履行起房东的责任和义务了。

6. 商铺投资 vs 住宅投资

随着房地产改革和市场的逐步完善，房地产投资成了时下热点。早期以住宅为主的投资渠道，随着商业地产概念的引入，增加了更多可投资的产品。

目前市场上存在有两种声音：一种人认为，一铺养三代，买铺增值快；另一种人认为购买高端住宅更具投资意义，那么假设手头有相同的资金，您会投资商铺还是投资住宅？

投资相同点

◈ 地段越好，越好

尽管全国地产形势一片大好，但好地段和差地段的区别还是很明

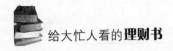

显的。比如，北京远郊区县的住宅新盘都到 2 万每平方米了，但它出租却租不上高价。同样 100 平方米的房子，在大兴能租每月 3000 元，而在燕莎商圈就能租每月 6000 元。而且，当它作为二手房出手时，偏远地带显然要难度高一些，但像燕莎商圈、CBD、中关村这些地方，一旦拥有了自己产权的房子，每天不知道多少人在盯着呢，立刻出手立刻挣钱，投资变现快得很。当然，投资远郊位置的房子成本低，是某些小投资客的首选。

◎ 出手越早，越好

从长远看，房价还是要涨的。如果在股市赔得心疼过，不妨把资金尽快挪到房产这块。不管住宅还是写字楼、商铺，越早出手，抓到手里，越早收租金，升值空间越大。毕竟房价升到一定程度，总会放慢脚步的。

投资不同点

◎ 短线与长线的问题

为什么温州、山西投资客都瞄向住宅投资？因为住宅的刚需、媒体的炒作令价格飞涨，所以看上去收益大，利于短线持有，抛售时购买者多，变现快。很多投资客买到住宅后甚至不装修不出租，空置着就等着出手。可以说，大量的炒房客不仅切实影响了房价，大量空置住宅的出现还影响了新小区的成熟和发展。

而写字楼这种物业，由于价格没有住宅那么飞涨、跌落得离谱，短线的投资客看不上它们；较高的、稳定的租金回报，让投资长线者更喜欢。投资者大多是收益稳定的生意人，希望长期持有，甚至作为买房养老的一个方法，或留给子女的产业。这样的长线可以让物业一下子繁荣起来，对投资者和租赁者都是莫大的好事。

总之，房产投资虽然"买到就赚"，但赚多赚少，还是有不少差别的。做好技术分析，让每一分钱都花到实处，是每个投资者都必须做的功课。

对房地产个人投资的建议

（1）了解相关的房地产专业知识，考虑自身的投资偏好、风险承受力、收入支出水平等多方面的因素。由于房地产个人投资是一种专业性要求高的投资，因此投资者在投资前，应对基本的专业知识了解清楚，比如过去一段时期内房价的变化规律以及未来的变化趋势、产权知识、区位因素等，这些有助于个人投资者在决策过程中避免盲目投资。另外，又因为房地产个人投资是一种长期投资，投资者应对自己投资的风险以及收益有着较全面的认识，做好思想准备，既要有盈利的打算，又要作好接受失败的准备。

（2）掌握必要的投资策略。例如何时买进就是关键的投资策略，这不仅关系到投资成本，也关系到房地产以后的增值空间。有专家认为，最佳的购进时机策略为"逢低进场，长期持有"，这样可以以较低的价格进行投资，等待翻升的时机。再比如房地产地段选择策略，不论是房地产置业租赁投资还是租赁与买卖混合投资，地段的选择至关重要。在对所选地段的现时优劣性进行判断时，投资者个人可参考治安的优劣、生活便利程度、公共设施的配置、文教休闲场所的设置及其附带的增值潜力等因素来做出决策。

（3）增加房地产个人投资渠道，引导个人资本更加合理、有效地投入到房地产市场。比如房地产投资基金，它与个人置业投资相比，一方面克服了个人投资规模小、实力弱的不足，可以集中大量社会资金，加强规模效应，在投资品种和投资规模上可以有更多的选择；另一方面，它拥有大量专业人员，可以对房地产市场的走势做出合理的分析、判断，从而更有效地规避风险，赢得投资收益。因此，可以大力发展，使其成为我国房地产个人投资的重要渠道之一。

总的来说，房地产个人投资作为一种日益发展的理财方式，正逐渐被越来越多的人接受。作为房地产个人投资者，应掌握相关的知识并学会一定的技巧，从而对所投资的项目进行理性地分析，以达到投

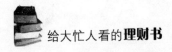

资目的，获取理想收益。

投资实战分析

如果你有 500 万元、200 万元或者 50 万元资金，你准备如何投资房地产？尽管这是一个假设命题，但是在实际生活中，人们往往面临这样的选择。

◎ 500 万元

如果你今天有了 500 万元甚至更多的闲钱，那么，在目前的房地产市场上，你拥有的财富几乎可以随意选择所有投资性的物业。

不过，如果准备投资商铺，那你至少需要有比较好的心理素质。如果靠低价买进，然后高价卖出的"吃快餐"心态在投资商铺上比较危险，或者说，实际的回报往往低于你大脑里计算的数字。

投资商铺往往就意味着持久战，尤其是面积相对较大的商铺，需要两三年甚至更长时间，而且能够多赚钱的方式不是在"低买高卖"，而是靠收租金外加商铺增值来体现。

◎ 200 万元

拥有 500 万元以上闲钱的人毕竟是凤毛麟角，能够拿出 200 万元或者再多点的市民数量显然更广泛。

不过，如果你拥有 200 万元左右的资金，要想投资商铺就需要谨慎考虑——200 万元能够选择的商铺面积往往不大，在目前的楼市状况下，一般这个金额能够购买一个 100 平方米大小的中等门面。接下来你就需要考虑清楚这门面能够租给谁了——鲜花店？快餐厅？理发店？社区商业尽管需求旺盛，但是商家转换快，有时候是同一个店铺众多商家"各领风骚一两年"。

除了商铺，另外有一种选择就是别墅。一个奇怪的现象是，别墅明明是价格最昂贵的住宅产品，但却往往又是增值最明显的产品。

物以稀为贵，正是解释这一怪现象的原因。如今，随着国家对别墅类项目用地控制越来越严，未来别墅类产品自然越来越稀少。

◎ 50 万元

如果你手里最多能够拿出 40 万、50 万元的闲钱或者更少，那你的状况属于老百姓投资阶层的主流阶层。

50 万元显然很难参与到高价值商铺或者别墅的投资中来，城市中心住宅成为一个不错的选择。

只不过，城区中心住宅项目数量不菲，找到一个有"卖点"的项目是个关键。如今仅仅看有没有小区环境、物管如何、户型设计等"基本动作"是远远不够的，一定要把小区的"自选动作"作为重要的评分标准：是离商务中心近、离医院近或离学校近，总要找一个让住宅有价值的理由。

所以，小钱不意味着不能发展成大钱，无论你今天准备用多少闲钱投入房地产，财富的积累需要时间、耐心和心态。

7. 风险意识不能忘

房产既是生活必需品，又具有投资价值。在房产投资中，人们特别注重防范的风险是对于期房的投资。不动产投资虽有优势，但亦蕴藏着诸多风险，包括市场风险、流动性风险、法律风险和诚信风险等等，因此，风险管理永远是不动产投资理财的主要课题之一。

正确估计地产投资中风险

（1）流动性风险。

物业一旦购置后就不易变现，这是物业投资的最主要风险。另外，产权不清也会造成物业再次交易的程序复杂，费用过高，所以在购置时做到产权清晰，也是规避流动性风险的重要一环。

（2）法律风险。

有些是项目本身及操作方式不合法。比如"五证"不全、不能办理产权证、项目本身就涉嫌违规、投资模式不合法等；有些是合同条

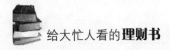
款不合法，合同条款约定不清晰，无法起到保障各方利益的作用；还有些是担保机制不合法，即所提供的担保为无效担保。比如，政府规划属于法规范畴，具有强制性，如果规划失当，也会造成商铺贬值。

（3）房市的波动风险。

不动产的波动性相对股市要小一些，但仍然有波动风险，特别是在某些特定情况下，其波动幅度还很大，尤其是在形成高价的房地产"泡沫"破裂后或经济危机及经济衰退期时更是如此。

（4）供求关系变化的风险。

房产的供给量与客户的有效购买量是动态变化的关系。在供应量超过购买量时，房产的价值一般向下运动。比如，有许多买房者以投资为目的购买高档公寓，以期获得高额回报。但是，不少房产投资者往往是以相邻现有的高档物业出租价格为计算基础的，并且对有效需求有较高的预期值。若开发商在该地区建造的高档公寓量大幅增加，在较短时间内供给大量新楼盘，而有效需求并没有像预想的那样强劲，那么则有很大可能出现供求关系变化的风险，从而危及预期房产投资回报的实现。所以，房产投资者应该注意房产投资目标地区的地产资源储备潜力和房产开发趋向，对有效需求的增加作较保守的预期，选择供求关系大体平衡的地区进行房产投资，以便规避供求关系变化带来的风险。

（5）公共环境风险。

房产价值与其所处的公共环境的好坏是联系在一起的。公共环境由于城市发展中的问题而发生恶化或者相对其他地区停滞不前而引起的落后等，都会对房产价值构成风险。所以，不论置业或投资，买房人必须注意公共环境风险，把眼光从样板间、售楼处或者工地上放远一些，仔细地考虑一下周边公共环境，把各方面的情况了解全面些，并结合城市发展规划进行前瞻性的考虑，以便尽可能地规避公共环境风险。

（6）人文环境风险。

房产的价值还与社区的人文环境联系在一起。用比较直接的话说，就是所谓的高档社区、贫民区或者外来流动人口聚集区等。一般来说，一个房产项目的人文环境好坏与其房产价值成比例增减。同样的房子在人文环境不同的地区价值往往会有相当惊人的差异。如果出现周围人文环境越来越差、治安不良等情况，那么，这样的房产大幅贬值是肯定的。所以，置业或投资者切不可因图一时房价便宜而置人文环境于不顾，而应注意房产的人文环境，并选择人文环境好或者具有向上发展趋势地区的房产置业，以有效规避房产人文环境风险。

（7）按揭还贷风险。

目前，银行对于个人房贷采取了越来越开放和优惠的购房按揭方案，甚至出现"零首付"等对置业者极为有利的条件。不少房产置业投资者也打起了"以小博大"、"以房养房"等主意。毫无疑问，银行按揭的优惠条件对买房人是极其有利的金融支持，成全了许多人买房的梦想。但是，天有不测风云，有些将来的事不一定现在就预料得那么周全，将来也许会有意外的事情发生。如果还贷额占收入或资产比重较大，将来一旦出现没有预料到的事情而发生还贷困难，则房子有被银行收走的风险。

规避地产投资风险的对策

（1）慎重决策。

买房人切忌冲动购买，把预期收入的估计建立在较切合实际的基础上，并留有资金余地，从而使自己的买房和房贷按揭额决策建立在有盈余的偿付能力基础上，以便从容还贷，规避房贷风险。

（2）选择符合新一代房产特征。房产本身有其发展过程，一代接一代向更合理的设计、更新的建筑材料设备、更符合信息时代需求的方向发展。因此，房产置业投资者应敏锐地注意房产发展和新经济对房产发展的影响，在置业时有适当的超前观念，选择符合新一代房产

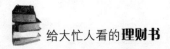

特征，适应信息化时代的房产，以便规避由于房产落后所造成的房产价值下降的风险。

（3）优化投资结构，不要盲目跟风。目前对国内百姓而言，家庭资产主要以金融资产和房产为主，金融资产又在存款、保险、基金、债券、股票等产品中进行分配。由于这些投资产品的风险性、收益性不同，因此进行理财时，根据不同的年龄必须考虑投资组合的比例，不宜将所有的资金投入到单一品种内。

（4）注重长期收益，避免长期风险。近年来，在房价累积涨幅普遍超过30％的情况下，房产投资成为一大热点，"以房养房"的理财经验广为流传，面对租金收入超过贷款利息的"利润"，不少业主为自己的"成功投资"暗自欣喜。然而在购房时，某些投资者只顾眼前收益，并未全面考虑其投资房产的真正成本与未来存在的不确定风险。其实，众多的投资者在计算其收益时往往忽视了许多可能存在的成本支出，如各类管理费用、空置成本、装修费用等。同时，对未来可能存在一些风险缺乏合理预期，存在一定的盲目性。经历了"房产泡沫"的日本和香港公民，或许已经意识到房产投资带来的巨大风险。因此，建议国内投资者，在投资房产时必须作深入地研究分析，事先做好心理准备，不要有太高的奢望，而且更要注重长期效益。

（5）正确分析不动产的价值。房地产投资的概念是投资人通过购买不动产后，出租或再转卖来获得收益。一个成熟和理性的市场，住宅的投资回报率占多少算合理？经济发达国家和地区年投资回报率一般在5％左右。专家认为，中国作为发展中国家，住宅发展具有巨大空间，年投资回报率应高于住宅发展达到或接近饱和的经济发达国家和地区。现在已有不少房地产商推出投资概念来吸引购房者，但在其运用上还有些过于简单。因此，要正确分析不动产的价值。

第四章
机会与风险并存——股票

中国股市的空前火热，可谓是有目共睹。证券公司的营业大厅里，挤满了蜂拥而至的投资者。上至白发苍苍的老人，下到正在大学就读的学生，都加入到了炒股大军之中。证券公司营业部里等待开户炒股的人们排起了长长的队伍，那种感觉不像是去炒股，倒像是人人都背着一个空麻袋，准备从股市上往家里背钱。

1. 做好股票投资的准备

社会在进步，人类的理财意识也在不断提高，理财方法不仅仅是把自己的钱存在银行这一种方式了。

在资本主义市场经济中，没有股票投资意识是永远富不起来的。股票是实现富翁梦想的一种好渠道，但它更是一种让人心跳加速的投资方式。它的变性强、投机性大，风险也很大。面对风云变幻的股市，如何把握机会，赢得利润，是每一个投资者最关心的问题。

据大多数股民讲，他们在走进股市时，对股市完全没有概念，仅仅是听到许多朋友讲到股票可以赚钱，于是就跟随着加入了股民的大军，但加入之后很多人往往赔得血本无归。所以，掌握足够的股票知识是股票投资的基础。

60 岁的退休老干部老吴是退休那年走进股市的。刚退休闲着在家没事做，一次听朋友讲到了股票，就想跟着赚点小钱养老。当时接触股票时，连最基本的股市术语和"K"线图都不懂，就怀揣着一万多元的现金跟着朋友走进了股市。刚入市的时候正赶上大盘在 2000 多点处振荡走牛，市场一片叫好，一个"内行人"为自己推荐了一支股票，价位在 10 元钱左右。当时这位"内行人"指着这支股票的"K"线图说："俗话说'横着有多长，立起来就有多高'，这支股票横在这有日子了，将来你就瞅它涨吧！"当时什么都不懂的老吴完全凭着一股热情，听从了"内行人"的指点，满仓买入了一千股的股票。买入之后，左等右等都不见股价"立"起来，倒是见它步步走低，离买入的价位越来越远了。之后才感觉不对劲，就向一些"高手"请教，"高手"们看了该股的"K"线图之后说，这是一只庄家正在出货的股

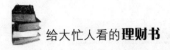

票，这才知道自己买了一只"熊股"，并且这只"熊股"是经过庄家大幅炒高之后扔下来被自己接了的"烫手山芋"，老吴才悔恨当初不该一点股市知识都没有就跟着炒股。

不管怎样，这次失败为自己积累了经验。后来老吴经过反思，认识到知识是投资股票不可缺少的，并且看了一些在股市中的成功投资者的案例，发现他们都有一个共同的特点，那就是平时注重学习。不但关注国家政策，还时刻关注着上市公司的基本变化，并从中把握投资机会。

股票投资入门准备

（1）树立风险意识

股票是把双刃剑，有赚有赔，投资者要树立自己的风险意识和抗压能力。许多投资者没有风险意识，因而无法在股市的涨跌中保持良好的心态，影响了自己的决断。特别是新手上路，秉着初生牛犊不怕虎、无知者无畏的精神，勇往直前。殊不知，这正是股民的大忌，他们缺乏风险控制的常识，在取得了一定的收益后，更是敢作敢为，追涨杀跌、满仓操作，感觉颇为良好，不注意股票以后的发展势头，一旦股市走跌只会满盘皆输。

（2）加强股票知识的学习

许多投资股市的股民对股票投资知识毫无概念，而这些股民又是股市的生力军，他们大多是股市的门外汉，只懂得很少的股票知识。他们投资股票市场只是在周围同事或者朋友的带动下，认为股市到了捡钱、可以淘把金的时候，就追随着大流进来了。这些投资者不注重学习，投资炒股很盲从，完全是道听途说或是凭自己一时的感觉，这样失败是难免的。如果你选择了股市投资，首先就要横下一条心坚持不断地学习，才能随时捕捉投资机会，这是投资股市最深刻的经验和教训。没有付出就没有回报，在股市大海里同样是这样，只有知识的积累足够丰富才能够在股海里自由遨游。

（3）对股市收益有一个合理预期

在投资股市之前要对股市有个了解，还要对股市收益有个合理的预期。首先投资者要设计一个盈利的模式。投资股票和做任何生意一样，心里要有个谱，有个概念，投资哪只股票，该股票的市场行情如何，后期涨幅情况如何，该股票所属公司和行业将来的发展趋势如何，国家对该行业的政策及优惠等，都要有所了解。看准之后再考虑在什么时候进入最好，具体到每一步该怎么做，如何在股市获得收益。

（4）保持良好心态

在股海中，良好的心态非常重要，尤其是在处于赢面时也不要自负。千万不要认为自己了解任何事情，实际上，没有哪个人能够彻底地了解任何一种股票商品，即使是华尔街的投资精英也不敢说自己对哪只股票非常了解。对于投资精英来说，并不是百分之百地只赚不赔，只是他们赚多赔少，能够保持良好的心态。任何价格的决定，都依赖于百万投资者的实际行动，然后反映到市场中。如果因一时的小赢而趾高气扬，漠视其他竞争者的存在，则危难常会在不自觉中来临。在股市中，没有绝对的赢家，也没有百分之百的输家。因此，投资者要懂得骄兵必败的道理。

2. 买股票，听太太的话准没错

如今在股票市场中，女人的身影是越来越多，大有巾帼不让须眉的态势。传统思维里一般人总认为股票是男人的世界，投资、炒股带有风险，不适合女人来做。事实上现在在股市中表现较为出色的恰恰是女性投资人。女人的思维方式或者说是先天的性格更适合在股市里发展。

在证券市场经常会看到夫妻搭档。这已经成为了一道亮丽的风景，越来越多的女性朋友在朋友的带动之下，加入了股民大军，并且是赚得盆满钵满。也有许多的炒股男士愿意接受来自太太的忠告，即使她们对股票的知识不比自己多多少，仅仅是凭着生活的经验来判断。如果在家庭内，宜夫妻合开户头操作，当双方意见分歧时，听太太的话准没错！

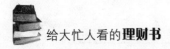

女人天性适合理财

在生活中女人一般扮演着主要角色，而在工作上以男人为主。在股海里，传统的想法也觉得应该是男人的天下，然而据专家解释，在股市中女人的优势比男人更大，股市就像是为女人设计发明的，她们可以在其中获得成就感。为什么女性投资人在股市中会较占优势呢？

小谢在工作之余都喜欢关注股市行情，希望通过股票为自己赚得人生的财富，或是人生的第一桶金。后来在朋友的带动下也加入了股民大军，几经周折还是处在赔本的状态，郁郁不得志。

后来，小谢听朋友和专家讲到要多积累股票操作知识，于是买了大量的书籍阅读，经过长时间的研究和在股海里累积下来的经验，也算是小有成就，两夫妻的日子也过得比以前好了许多。但是，小谢在看股市行情和走势时，总是耐不住性子。妻子看小谢每天要忙工作还要管理股票，非常辛苦，于是也起了玩股票的兴趣，让小谢为自己讲了一些入门的知识，又拿着书籍恶补了几天，便加入了炒股的行列。刚开始，妻子是拿着书本查看股市行情，小心翼翼地买了只股票，却是只劣质股。怎知股市行情风云变幻，根本无法预测，妻子的股票是一路狂飙，而小谢所持有的股票还在原地反复涨跌，没有大的起色。后来，小谢细问，才得知原来妻子不看好小谢本人所持有的股票，认为它超过了本身所应值的价值，最后还是选择了目前自己所持有的这个，原因无他，只因为在生活中自己对商品的价格有个了解，觉得这个物有所值。

还有一次，小谢和妻子同时买了一只股票，当时该股票20块买进，涨到22块的时候，小谢觉得赚了，比在银行高了两三倍，可以脱手了。但妻子比较沉稳一点，看好这只股票耐住性子又等了段时间，果然大赚，羡煞小谢。可是等到他们所持的股票的市价降到了买股时的价格，或低于一两元钱时，妻子就沉不住气了，要赶快脱手，保本重要。

小谢的妻子能够在短时间内凭着自己的人生经验选择了一只适合自己的股票，不能说是她的股票知识多么到位，仅仅是一种把股票与生活中的琐事联系到了一起，并将它合理地运用到了变幻莫测的股票市场的方法。

股市中女人更占优势

（1）女人比男人更沉得住气。

女人在理财方面，天生就比男人细心，关注蝇头小利，因此股票上涨之时能够沉住气，站到最后；在赔本之时，能够快刀斩乱麻，切除后患。

（2）女性对价格的公道性有种天生的第六感。

一般情况下，在家庭里都是女性掌管着生活用度，所以她们就常常接触到许多与价格有关的事物，日积月累，使得女性对价格的公道性似乎有种天生的第六感，也培养出了对价格的灵敏感。通常女人是最精打细算的，在股市里买卖股票，跟在市场里买卖青菜原则是一样的，就是必须细心挑选。男人在这方面很难有女人的这种特长，他们对生活常识毫无概念，仅仅局限于自己的工作。

（3）女人容易控制情绪。

在股票市场中切忌好赌。男人天性中有着赌博和固执的因子，这对男性投资人来说非常不利。举个简单的例子，某个出了问题的公司，股价由20元跌到18元，男人或许会为了面子问题，再加上赌性坚强，总是硬撑着，等到股价一口气跌到只剩两三块钱时却又会因耐心尽失而盲目处理掉。反之，女性在这种情况下很可能早已谨慎地把股票抛出了。

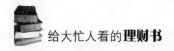
男性投资人若不能克服这些人性的弱点，控制自己的情绪，那么在操作时最好向女性学习，多听听太太的话，会有不错的收益。

3. 大跌也不卖优质股

优质股是指不管从公司业绩还是市场潜力都非常看好的股票，也是众多基金的重仓。一般来讲，金融、地产、金属、能源板块股票属于优质股范畴。在股市中优质股一直都很受股民的喜爱，不仅仅是它能够盈利，还因为它的后盾比其他个股要强，稳定性好。不管是在什么时候，手中持有优质股都是上上之选。即使是在大跌的股市中，也不可随便将手中的优质股贱卖出去，持有就是资本。

为什么要保留优质股

经常会听到有些股民会讲："买个优质股好过年。"这充分说明拥有优质股的重要性。在大盘持续走低，股市不景气之时也要善待你手中的优质股，它们会是你翻身的机会。机会与风险并存，没有大跌就没有大盈利的机会，看准时机主动出击才是根本。

守得云开见月明

小王是一家国有企业的员工，在工作了几年后手里有了些闲钱，就和朋友一起玩起了股票。小王在朋友和据说是"高手"的人的指导下，在众多股票中选择了目前所持有的金属股。买入一年之后，所持有股票进行了再融资，以 6.5 元的价位 10 配 3，小王又掏钱跟着配了股。此时小王已经持有 1300 股该企业的股票，通过配股，小王的持仓成本摊薄在 9 元多。他期待该股可以在后期有好的回升，怎奈天不如人愿，在小王期盼的日子里，该企业的股价仍不断走低，之后这只股票陆续跌破了配股价和发行价，股价一直在 3—4 元的价位徘徊。

小王看着原来持有该公司股票的基金、保险公司等机构投资者早已跑得不见踪影，又听说如果一只股票的十大流通股东中没有了基金等机构投资者的身影，想让它在市场上"牛"起来都难。眼看这只股票短期内已经无大的发展，小王心灰意冷，认识到该股票已经实实在在是只"熊股"了。其实当时很多股市的"高手"主张小王在同等价位换股，他们说这是最大限度地发挥资金的作用，但这种"高难度"的动作对刚入股市的新手小王来说有点困难，而且小王有些伤心了，也不想在股市中太劳神了。等待是漫长的，在被套的日子里，小王扔下股票，暂且离开股市。

虽然离开了股市，但小王却仍然关心着股市的起落。随着金属行业和股市的回暖，他发现这只昔日的"熊股"，正在悄悄地脱离底部区域。一些基金公司、保险公司等机构投资者悄然入驻其中。原持有股改对价为10送3，此时小王的股票变成了1690股，成本摊薄到6元多。小王终于是守得云开见明月。

在股市走低之时，小王虽然一度灰心，但却坚持住没有将自己的股票清仓，也算是他的一大幸事，否则就没有后来的翻身机会。在大盘受影响时，个股要想屹立不倒那是不可能的，但是也不是没有选择的余地，这时手中的优质股就是投资者的希望，是保本的砝码。

坚持持有优质股

（1）优质股潜在利益大

优质股的公司一般效益和市场潜力非常好。在大盘下挫时，所有的股票都会出现不同程度的下跌，难免会影响到优质股的利益。但投资者不必恐慌，应该看好风势，这时可能正是买进好股的时机，而不是将自己手中的优质股放出去。炒股票的诀窍一句就可以概括：找被低估优良企业的股票买入，并长期持有直到持有条件不存在时再卖出它。优质股的恒定利益决定了它的潜在利益，现在只是在大盘整个下挫时被拉了下来，等大盘一回升，这只股票必然会走在涨幅前面。

（2）衡量自己的能力

如果投资者现在手中持有大量的优质股，首先要衡量一下自己的能力，是否有足够的智慧来指导自己在更合适的价格买入这样的股

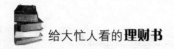

票。如果没有这样的能力，卖出它们后就会不知该以什么价格再买回来，因为不知道它们是否还会被一些惊慌失措的投资者以更低廉的价格卖出。所以这时持有优质股是上上之选。

（3）提高自己的心理素质

股市有风险，但风险与机会同在，大盘下跌时正是考验股民心理素质的时候，这时不仅要关注股市行情及国家政策，还要沉得住气，在没有必要抛出的时候还是持有股票为好。特别是在"牛"市过程中，还应耐心吸纳优质股。

（4）挖掘收益较高的低价股

由于中国散户资金量有限，低价股在中国的大股市里备受关注。中国股民的心理就是不买高价股，因为入门的门槛太高。如果股价过百元，则可能阻挡很多散户的操作，这样上市公司就会时不时地除权派息，压低股价，让股民们尽量参与，从而就更加刺激了股民只愿意买低价股的心态。在众多低价股中挖掘出收益较高的股票，是每个股民都关注的问题。

投资股市的人，九成都是以赚钱为硬道理，每人皆为利来。在股市里流行着这样一句话：在"熊"市中有牛股，在"牛"市中同样也会有熊股。对于一般的股民来说，在"牛"市中择股，首先要控制风险，尽量不要去碰过高价的股，其中泡沫太多。大多数投资者相信八二能赚钱，二八赚指数，谁都不愿意赔钱、倒贴，所以还是多在低价股里浏览，选择有潜力的低价股，在低价股里淘金子。

4. 挖掘高收益低价股

选择低价股的理由

（1）安全性

从安全性上来讲，大多数散户喜欢低价股而不喜欢购买高价股，原因就是因为低价股可以购买的数量多，而高价股可以购买的数量少，低价股每天的涨跌价格较低，而高价股每天的涨跌价格较高。虽然无论高价股还是低价股，同样的资金买入后每天的涨跌价格无论多少，其盈亏比例都是一样的，但是心理上感觉低价股更安全一些。实际上，从股价本身来讲，当股价经过长期大幅度下跌或者一拨"熊"市运动后，此时个股大多也已经经过了大比例幅度的下跌，价格越低的股票，后期下跌的机会越小。因此在大盘底部区域选择低价股，其安全性无论是从心理上还是实际走势上都是比较高的。

（2）成长性

从成长性上来讲，当一波上涨行情结束时，股价动辄都在十几块、几十块钱以上，而行情启动之初，那些股价只有几块钱的个股无疑上涨潜力及成长性更大一些。

从历史上来看，在2008年10月28日大盘1664点的时候，股价在10元以上的股票仅有91只，占股票总数的6％；股价在3元以下的股票有472只，占股票总数的29.7％；股价在5元以下的股票有1154只，占股票总数的72.6％。然而在2009年8月4日3478点时股价在10元以上的有683只，占股票总数的43％；股价在5元以上的有1505只，占股票总数的95％；股价在3元以下的仅有5只。从比例上来讲，当时472只股价在3元以下的股票大致都上涨到5元以上，盈利至少在67％以上。

在2010年7月2日大盘2319点时，股价在5元以下的股票有229只，占股票总数的12％；股价在10元以下的股票有1056只，占股票总数的57％；10元以上的股票有794只，占股价总数的43％。而到了2010年11月11日大盘这轮上涨的最高点3186点时，股价在5元以下的有64只，占总数的3％；股价在10元以下的有575只，占据股价总数的29％，股价在10元以上的股票占总数的71％。甚至于15元以上的股票占据总数的46％。可以看到，当时10元以下的股票大多数都涨到了10元以上甚至于15元以上，大多至少都有50％以上

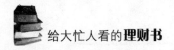

的盈利。

由此可以看到，选择低价股至少从资金上是安全的，后市继续下跌的机会几乎没有，而盈利超过 50％ 的概率几乎达到 90％ 以上，其成长性是非常高的，因此在大盘的底部区域选择低价股是一个理想的选择。

如何选择高收益低价股

首先，分清是金库还是牢笼。股市风云变幻难以掌握，要关注各方面的信息，但也不能盲目没有主见。股市行情变化莫测，"跟着机构走"是一个很好的方法，但"黑嘴"太多，首先要判断清楚，这个机构是想把你带进金灿灿的金库里面，还是想把你套进一个易进难出的牢笼里。不要轻易相信没有证实的消息，要凭借自己各方面的渠道和方法了解信息，对于别人的建议仅可以作为参考。

其次，拥有一颗平常心。要想在股市里赢得先机，首先要有一颗平常心，不随大盘涨跌而起落。盈亏对炒股来说是家常便饭，在赚钱以后不要头脑发昏而飘飘然地对股市放松警惕，在其他股民因为大盘的走跌而恐慌时，要保持良好的心态，从低价股里寻找能够持续成长的潜力股，当投资者的情绪平静下来以后，正是其价值体现的时候。

5. "牛"市不一定不赔钱

安东尼·波顿说："即便在'牛'市里，投资者也要放一只脚在门口。"这句话正是告诫广大股民不能在"牛"市中降低自己的警惕心，但是仍有许多股民在"牛"市中掉以轻心，赔了钱。如果是"熊"市，还可以埋怨形势不好，指责上市公司经营不善，而如果是"牛"市，股指天天涨，股价也整体推高，还是有很多股民被套牢，其中不乏经验不足和心态不稳的，这些投资者身处暴利时代，不能客观地看待股市动荡，看不清股票。即使是在"牛"市，赚钱也是不容易的，还有可能会赔钱。

"牛"市要注意的情况

在"牛"市里大家都在疯狂敛钱，但也有人在"牛"市里亏了钱。其原因可谓是五花八门，各不相同。投资者扪心自问，在纷繁复杂的股市里，你的观察是否细致？你的分析是否正确？你的心态是否健康？你的操作是否理性？诸如此类的问题多拿出来问问自己是否做到，可以为你的股海生涯累积许多经验。

（1）防止被套

张女士经常买股票，在股票上也算是小有收获，最近股市一直处在"牛"市，但她却不知为何总是闷闷不乐，大不如以前。

一次，她的朋友在证券公司门口遇见她，简直无法辨认，几年前飘逸的头发，现今已经花白，根本不像三十多岁的人，脸上瘦削不堪，黄中带黑，吓得朋友赶紧问她发生了什么事。见朋友想问，她说："我真的是太傻了，我只知道'熊'市的时候主力都不进场，股票会跌下来，我不知道'牛'市也会赔。我看它涨得挺好的，就满仓追了进去，指望着赶快赚点钱。我听信股评家的话，要我买我就买。哪知道，它怎么就不涨呢！大家都说，完了，怕是涨不起来了，再看看果然还在下跌，一点要涨的意思都没有，可怜我大部分钱都是借来的……"她淌下眼泪，声音也呜咽了。

人们常说：股市如战场，有赚就有赔，没有一直赚钱的道理。然而，"牛"市里赔钱实在应该注意，张女士没能在赚钱之余提高自己的风险意识，是其赔钱的首要问题。看着一片大好的市场，前面自己又是赚得金钵满满，于是信心十足，怎知股海风云变幻，瞬息万变，哪是个人可以看透的？所以树立股票风险意识是重中之重。

（2）切忌赚时仓轻，赔时仓重

张志说自己投身股市不久，就用 10 万元以 6.6 元的价格买进某股票 15000 股，后来又用妻子给他的 10 万元，以 9.5 元的价格买进10000 股。截至 7 月末，这只股票已经跌至 6.5 元的水平。起初投资

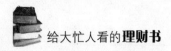

10万元回报率是43.5％；后来追加1万股总持仓合计25000股，市值达到了237500元。7月份的价格跌到6.5元时的市值162500元，而该股还没有任何的分配转增方案，最终张志亏损了37500元。小两口天天看着暴涨的大盘叹气，发誓再也不炒股了。

像张志夫妻二人的投资理念就有错误，这种赚时仓轻，赔时仓重的模式是必然失败的。这是在"牛"市当中的例子，在"熊"市当中如果投资20万一年亏损50％就剩下10万，而10万一年赚50％却只有5万，同等幅度的行情，亏一年却要用两年来捞本，这更是赔钱的模式。

"牛"市赔钱原因

（1）赌博心性

要在股票市场成功就不能赌博，不能把所有的钱都同时压在同一只股票上。很多人刚进入股市的时候都很盲目，因为不懂股票，也不了解玩股票的规律，所以常常没有主见，胡乱买股票，存在赌博的心理。赌博的人或许会成功，但是概率不会大于中500万的彩票，更多的赌徒会落得损失惨重的下场。唯有妥善管理自己的资金，用心了解股市行情、股市走向，在最正确的时候买入适量股票的人才能笑到最后。

（2）跟风心理严重

很多股民认为在"牛"市容易赚钱，赔不了本。"牛"市貌似买哪只股票都能赚钱，事实上"牛"市中的股票也是极不好操作的。很多散户，有时根本就不知道为什么要买这只股票，只是跟风，或是听消息，因此也就很难知道"牛"市在什么时候会结束，具体到某只股票，不知道什么时候停止上涨，以及在停止上涨或是下跌后，是跟进，还是止损。股市上，大家为了各自的目的，形形色色的消息层出不穷，一个好的股民，他的理财计划一定要独立执行，有自己独立的见解，做别人不敢做的。

（3）轻易相信他人的消息

从小道来的消息信不得，行情预测更不可信。有些行情预测听起来头头是道，看上去一定可以赚钱，但实际运用时就显得棘手。为了找到可靠的股票信息，很多人会去看股评，听高手的经验讲解，找信息处推荐，或者整天在论坛上希望分享到别人的经验和指导。天下没有免费的午餐，股票高手大有人在，可是有谁会把自己精心挑选出来能获利的好股票拿出来和大家共分享呢？

（4）选错股票

纵然市场一片叫好，股民也须谨镇选股。"牛"市当中，赔钱多在选股不当上，错把垃圾股当成优质股来买，认为"牛"市随便投资一个股票都可以赚钱，存在着这种错误观念，就很难选好股。即使"牛"市，也不能保证一定赚钱，没有只涨不跌的股市。

（5）不具备准确识别时机的能力

既然加入了股市，就应该掌握股市的知识和识别能力。很多股民对经济环境、价值快速提升的行业没有感觉，这就会错过最好的介入机会。如，金融、有色金属、房地产、能源煤炭等类型上市企业的股票每次回调时都是最好的介入时机。

6. 跌市如何摆脱困境

股民都知道一般在下跌市里面，涨的股票少于下跌的股票，也即选股的成功率低、失败率高。那么，在大跌的股市里能否赚到钱呢？答案其实是肯定的。只要遵守股市里的多种限制原则，巧妙地捕捉强势股，则成功率未必低，甚至有在下跌市里面"买了就涨"的机会。那么如何在股市整体下跌的股海里，抓住潜在的投资机会？

时刻保持谨慎

股市有风险，投资须谨慎，每个股民都了解这个道理。但在一波

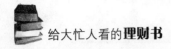

又一波的炒股热浪中还是加了进来，前仆后继，大有不赚到钱誓不罢休、绝不回头的气势。怎奈股场如战场，没有哪个将军能够保持战绩，永远常胜，也没有哪个股民没有经历过跌市的惨痛。

杨怡谈起自己的股海生涯，称自己是一个十足的失败者。以前谈起股市还义愤填膺，现在全然没有了当初那份激动。

杨怡进股市的时机是当时股市最好的时间，大盘在1300点以下。可因为他过于谨慎胆小，错过了一次次绝好的机会。上半年的有色金属行情，让胆大的赚得盘满钵满，几倍翻番。杨怡只是天天盯着几只有色股一步步涨上了天，就是不敢追。后来在一个朋友的鼓动下，终于硬着头皮全仓买入了两只绩优股。可第二天就让杨怡傻了眼：它一个劲儿地下跌，居然连续三个跌停！虽然没有体验过大涨，但杨怡也从未体验过跌停啊，更何况是连续跌停，杨怡非常惶恐，于是在第三个跌停板上忍痛割肉。谁知刚一卖完，它便像冬眠蛰伏的蛇一样又抬起头来，连续涨了上去！短短三天，损失惨重。杨怡只能感叹自己天生不是炒股的料。要不然为什么总是一次次经历相似的厄运呢！

杨怡的经历是许多在股海里打滚的股民都经历过的，特别是对于新手来说，其经历更为惨痛。边补边跌，最后深套，忍无可忍，地板割肉。天天盯着盘面感受着股海的潮汐风雨，最后是越来越胆小，越来越灰心。作为一个没有经验的小散户，只能是被动无奈的"韭菜族"，割到最后，已是面目全非。看不清楚股市行情，盲目地跟风，在需要追进、杀入的时候胆小怕事，无法做出正确的判断，以至于经常错失股市良机，损失惨痛，该止损时又缺乏止损意识。

股市中摆脱困境的方法

股市处于弱市时，常常会出现大跌走势，当股市趋势走弱的时候，投资者需要采用合适的方法，以最低限度的损失达到摆脱困境的目的。

（1）认识下跌的性质，理性应对下跌行情

在出现下跌行情时，心态非常重要，保持良好的心态正确认识下跌的性质，克制恐慌情绪，并尽一切可能将损失降低到最低限度。股市调整的性质是受宏观政策因素、投资者的平均持股成本以及平均盈亏程度和技术面因素、资金供应情况等方面的影响。投资者认识到了下跌的性质、级别和空间，才能理性地应对下跌行情，制定相应的投资策略。

（2）跌市卖出方法

在跌市里盲目地割肉止损绝不是最好的办法。止损固然很重要，但不是跌市中的唯一选择，投资者还要考虑其他方面的因素。止损在保护投资者的利益不受重大损失的同时，也有可能会对投资者造成一定伤害。根据个股的套牢程度、下跌空间的大小、个股本身的基本素质以及仓位轻重等情况分别采取不同的操作手法。如果股价缓慢缩量，就是处于阴跌状态中，这个时候投资者损失不是很大，可以考虑止损；如果股价加速下跌，投资者不要恐慌抛出，因为，这种跌市途中必然有反弹相伴，投资者可以把握好股价运行的节奏，看清股市行情做出有利的决策，趁股价反弹时再卖出。

（3）跌市买入方法

在跌市中，许多股民都会胆战心惊，惶惶不安。其实大盘变盘并不可怕，股市里没有低吸就没有以后的高抛。投资者在跌势中需要注意目前的个股分化趋势，掌握热点轮换规律。在半仓的状态下可以趁机换股，大盘风险出现时，个股往往普跌，这时那些原本看好又"嫌贵"的品种与其他个股回到了"同一起跑线"，投资者就可以把手中不太满意的品种向更好的股票转移，也是一种在日后更好挽回损失的办法，另外看好中线后市，短线的震荡和下跌正是一次加仓的机会。即使自己的判断是错误的，也不用担心，因为手中有半仓股票半仓现金，处理起来比较灵活，进退方便。没有过多的累赘可以让投资者在疲软的股市里应对自如。

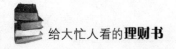

7. 防止股票被套牢的秘诀

如何在变幻莫测的股市中避免被套牢，已是许多股民所关注的课题。在股市不断上涨的行情下，新股民的投资收益有时甚至会超过谨慎的老股民。这是由于历史原因使一些老股民深受被套心理的影响，导致信心严重受挫，因此即使在行情转好时，投资策略也相对保守，基本采取对原先持有的个股进行守仓操作，很少有人敢于换股追涨强势板块，所以收益相对较少。如果股市的行情不断走高，市场的风险也会逐步积累增加，一旦后市出现调整，新股民也会很容易被套牢。

做好进入股市的准备

如今炒股的人越来越多，股民的数量也飞速增长。长期投资于股市者，通常少有未被套牢的时候。有许多投资者更是认为"套牢是长期的，而获利却是短期的"。投资者介入股市的目的就是为了赚钱，而绝非为了品尝"套牢"的滋味。既然股市投资被套是难免的，那么对于投资者而言，投资股票就应做好心理准备。

（1）股市"蒸发"儿子留学梦

王老师算是最早接触股市的一批股民，期间也曾小赚了一把，但在股市由"牛"转"熊"的过程中，原准备给孩子出国留学的钱被套。"股市指数由红转绿，我们幸福和谐的生活也变得晴转多云了。"王老师郁郁寡欢地说道。

王老师一家三口，他的太太在学校任教，独生子今年刚参加完高考。他们家通常将每月积蓄分成三份，一份存定期，用于儿子将来出国留学，一份买股票，一份买基金。可是，大半年股市的一路凯歌让王老师失去了判断力和自持力。他瞒着太太将定期和基金账户里的30多万元全部转到股市里。没想到自己投进去的资金没有个把月就已经全变成泡沫了。

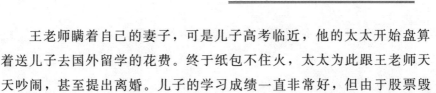

王老师瞒着自己的妻子，可是儿子高考临近，他的太太开始盘算着送儿子去国外留学的花费。终于纸包不住火，太太为此跟王老师天天吵闹，甚至提出离婚。儿子的学习成绩一直非常好，但由于股票毁灭了孩子出国留学的愿望，对孩子在学习上的影响也非常大。

(2) 股民患者

在一家外企工作的小张初入股市，跟着股指坐了一番过山车之后，不但利润灰飞烟灭，连本金都受到了影响。小张非常焦虑，却还是忍不住不停地交易，想早点解套，没想到越陷越深。经常是两只眼睛盯着自己的账户发呆，每天都在计算，自己的亏损要用多少个月的工作才能赚回来，这已经严重影响了他的睡眠质量。整天心不在焉，只关注股市发展，股市的升降也直接影响着小张的心情。小张无奈去医院看了心理科，发现像他那样的股民还不少。诸如小张这样深受股票被套之苦的大有人在，对解套却又不得其法，或者在入股市时没有防备意识，导致了最后的亏损。

如何防止被套

在股海里闯荡的股民们大都有被套的可能，大多数也都遭遇过被套的经历。股票操作应该是一种按部就班的、程式化的、理性的投资行为。任何情绪化的、盲目性的买卖对你的资金来说都可能是致命的。如何防止在股市里被套牢，是每个股民都需要注意的。

(1) 一定要设立止损点

在入市时不设立止损点，便有非常大的可能被套牢。设立了止损点就必须执行，不同买入点的止损位是不同的，但不管如何，都需满足以下两个条件：

① 在行情反转初期买入时，止损位可设在前低点下方 3% 处；在上升阶段可以设收盘跌破 10 日均线。即便是刚买进就被套牢，如果发现自己的判断错了，也应果断卖出，"截断亏损，让利润奔跑"，这是至理名言。

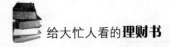

② 做长线的必须是股价能长期走牛的股票，一旦长期下跌，就必须卖。即使是在"牛"市，当股指下跌 10％以上，或者自己持股下跌超过 10％时，投资者就要清仓出局，因为"牛"市中的小回调不会达到 10％的程度，一旦出现 10％的下跌，将可以判断是中期调整的到来，10％的止损位比较重要。执行 10％止损的策略，应该不会发生深度套牢的可能，虽然可能会出现踏空现象，但总体效果是比较好的。

（2）切忌贪婪

虽然每个进入股市的股民皆为利来，但是切忌贪心，否则在股海里的盈利就会危险。永远不要期望在最高点卖出股票，也不要期望"技术指标"在高位发出的卖出信号。传统理论上，处于上升趋势的个股，只要股价不跌破 10 日均线，可继续持股，但在实际中按这样操作往往会损失较大的利润甚至亏损。因此在卖出股票时要知道卖出是一种主动行为，目的是为了保住既得利润。在买进股票时，也不要期望在最低点买入，在买入点没出现前不要盲目买入，心定神闲地等待买入机会的来临，避免买到垃圾股、问题股，理性的投资者只赚取股票上涨过程中的一段利润。

（3）补仓自救法

这是大多数散户比较信赖的做法，也比较实用。主要是在原有的套牢筹码不想卖出的情况下，于个股跌落后在低价处加仓买进，以求通过一次性或若干次的逢低增持股票来摊低平均成本。在"牛"市的调整时段和震荡市中，采取低位补仓法来解套的个股机会还是很多的，而且这样的机会也不难捕捉。运用此法的前提条件，就是必须预备较为充足的现金以备第二轮的使用。但运用补仓自救法时也应当注意两点：一是仅仅在被套的个股上补仓，二是在未确认个股股价跌到底部区域时不急于补仓。

（4）看清股市行情

防止被套就要看清股市行情，股票再好，形态坏了也必跌；股票再不好，形态好了也能上涨。在涨跌停板制度下，投资者不能仅凭股票处于涨停板位置就认定这只股票处于强势，可以介入。这种股票在短期之内虽然可能创出新高，但是其中的风险却很大，如果投资者盲目跟入，非常有可能被套牢。通常情况下，当股票处于较低位置，而此时大盘的形态也比较好，那么投资者可以比较积极地跟进；相反情况下，如果股票处于较高位置时，则应比较慎重，以防止被套。

8. 工薪族常见股市操作误区

在股市普及化、股民社会化的影响下，越来越多的人开始加入股民大军，其中以工薪族为主力军。他们手持闲钱，生活无压力，可以将理财用到多方面、多领城中来为自己积累财富。工薪族一般是股市中的散户，握有的股票有限，对股票的专业知识了解得不是很详细、专业，无法和专业炒股人士相提并论，在操作上难免有着自己的不足和误区。而成功的投资者要想有稳健的盈利模式，首先要有正确的操作思路。大部分工薪族在股市中的失败原因是多方面的，有技术、心理素质、业务知识水平等，但更多的是投资操作理念存在较大的误区导致亏损。

适时止损，不惜代价！

公务员小王是 2004 年毕业的，在 2005 年考入市直机关，月工资 1200 元，至 2007 年，有存款 1 万元左右。后在单位同事的带动下，投 8000 元于股市。买的第一只股票成本在 5 元左右，总计 600 股，小王见其如老牛破车，难有涨势，亏一二百元卖掉了，自己开始频繁买卖，不幸赔了 2000 元左右。后经割肉、换股、反弹、补仓、调仓，最后仅留一股，入手时价格为 28 元左右，据当时持有股的企业注资分析，股票很有可能被炒爆。随着股价节节攀高，小王又跑回家向父亲要了 2 万元养老金，再于 31 元左右加仓，至 38－39 元的时候，账

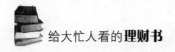

户总市值到 49000 余元，赚了 21000 元左右。

看着美好的生活一点一点地向自己靠近，小王满心喜悦，以此速度，全家生活的困顿状态可以大大改变，买车买房也近在咫尺。他对自己手中股票注资充满期待，直到停牌也未出手。怎知历经一两个月的等待，自己的持有股复牌了，涨停开盘后却上蹿下跳，小王一头雾水，等待再封涨停，但几经折腾后，居然奔至跌停。自此开始，小王屡买屡赔，一度停手，后又加股，复又入场，再遇暴跌，又开始调仓加仓，一路跌撞。最后清户退出，损失惨重。类似于小王这样的情况出现在很多散户的工薪股民中，刚开始手持多股，精神分散，无法顾全，并且在出现破位时没有止损意识，或是见一次止损后没几天股价又涨了回来，下次就抱有侥幸心理不再止损，这种投资方式是必定会赔的。如果没有自己的盈利模式，其结局也就是买入、止损，再买入、再止损，进入一个恶性循环。许多工薪股民在变幻莫测的股市中没有止损的概念，最终是血本无归。

工薪族股市操作误区

对于普通工薪阶层来说，把钱存进银行，觉得银行利息太低；买债券，收益也不是很高；集资风险太大；炒期货，自己那点积蓄根本不够用；房地产细节太多，顾及不全，万一砸在手里就是彻底套牢。那么，唯一合理的去处好像就是股票了。可是股市有风险，入市须谨慎，尽管大家谨慎再谨慎，却还是有不少人的资金随着指数下落而流水般失去。那么，问题究竟是出在哪里呢？每个投资者都有自己的操作风格，但毋庸置疑的是，很多投资者在实战操作中都存在着或大或小的误区，现在让我们来看看工薪族在股市中的常见误区。

（1）被套不怕，不卖就不赔

工薪族在持有股被套牢时，多有这种想法：待解套后再卖。其实被套之后，解套是每个人都最为迫切的愿望。割肉出局是很难让人接受的，但从技术上讲，等待深套的股票解套是不可取的。盈亏多在清仓之时表现出来，清仓即是全部卖出，盈亏在先买后卖中得到结果。于是不少股民认为：我买了之后不卖，不就看不到亏损的结果了吗？其实这是"鸵鸟政策"——像鸵鸟一样遇到危险时，把头埋进沙子里，以为这样就没有危险了。这是非常愚蠢的观念，盈亏的现实并不因为没有完成先买后卖的完整过程而消失，浮动亏损就是实际亏损，它是一种真实的客观存在，并不因为没有兑现而变成幻觉，不能被动地等待结果，积极采取措施才是正道。

（2）喜欢抄底

由于经验不多，资金有限，许多工薪族总是在股票处于历史低位时买进。其实经过大盘的冲击，股价较以前有了大幅下跌，但不等于股价低了就一定会再涨上来。股价低了只是相较前期而言，低了还可以再低。另外如果上档套牢盘过重，股票上升动能不足以冲过阻力区，股价也很难上涨。而许多人却抱着自己的成本比别人都低，以后涨了赚得也多的想法，却没有想到，一只股票既然已创出了历史新低，那么很可能还会有其他新低出现，到头来手中持有的很可能是卖不出去的垃圾股。这样缺乏长远的眼光，是不能在股市里获利的。

（3）喜欢预测大盘

很多工薪阶层的朋友平日里喜欢关注机构测市节目，其实那些机构测市等节目并没有多大意义，对预测股票也没有任何作用。很多工薪股民就是在大盘上涨时，也总在测算，大盘何时会反弹结束。大盘一路上涨，就在一路测算何时出现跌点。同样，在大盘下跌时，很多朋友也是不顾市场的跌势，不断地测算何时反弹，何时见底。如果操作是建立在这样的看盘基础上的，就很难走出自己的误区。太自信的人，这种观点一旦形成，就有相当的顽固性。正确的思维则是要重操作轻预测，对市场的预测正确与否不是最重要的，最重要的是操作是否正确地遵守了既定的规则。如果预测正确而操作错误，即便结果盈利也是危险而不可取的投资模式，工薪股民应避免这一模式。

（4）没有止损概念

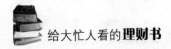

当破位时一定要止损，这是股市中铁的纪律。这时的止损是不惜代价的，包括"中计"，吃亏上当的代价也需平静地接受，这样就不至于去品尝被套牢的滋味了。如果你承认弱小，就必须学会逃避，这是股市中的"泥鳅法则"，适时的止损可以杜绝更大的损失。

（5）摊平法操作降低成本

摊平法其实并非是高明的一招，但却有不少工薪投资者对此非常青睐，认为可以向下摊平成本。他们喜欢预测，认为股价在下跌一段时间之后，必然比当初高位买进时的价位低了不少，补进仓位风险不大。须知股价的高低是相对的，如果说在"牛"市中摊平成本尚有一定机会，那么，在"熊"市中采取这一操作方式将有可能会亏大钱，尤其是在股价刚开始下跌不久就迫不及待地补仓者。因此摊平法操作只是以赢补亏，并不能降低前面的买进成本。在一只股上加码，弄不好会越加越重，越陷越深。其实完全可以在其他股票里选择，摊平法应慎用、少用。

第五章
养只金鸡好"下蛋"——基金

基金是一种最省心的投资渠道，一种可以期待较高收益的理财方式！

基金之所以成为理财的"首选"，是因为它的投入门槛低、操作时段长、收益相对稳固、赎回风险小。买了一只基金就相当于请了一个专家团队来为你投资，特别适合家庭理财这样有阶段性理财要求，同时对风险承受能力不强的普通家庭选择。

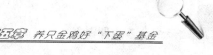

1. 做一个明白的基金投资者

与股票相比，现在很多人都更加热衷于基金的投资，因为基金比股票的风险小，收益也比较好。投资基金当然也有风险，但相对于直接买股票来说，基金投资把风险分散开来，风险比股票要小得多。

基金是指通过发行单位（或基金券）将投资者分散的资金集中起来，交由专业的托管人和管理人进行托管、管理，投资于股票、债券、外汇、货币、实业等领域，以尽可能减小风险，获得收益，从而使资本得到增值。而资本的增值部分，也就是基金投资的收益，归持有基金的投资者所有，专业的管理、托管机构收取一定比例的托管管理费用。

股票是以"1"股为单位的，基金则是以"基金单位"作单位的。在基金初次发行时，将其基金总额划分为若干等额的整数份，每一份就是一个基金单位。例如金泰发行时的基金总领共计30亿份，将其等分为30亿份，每一份即一个基金单位，代表投资者1元的投资额。

基金在现有的证券市场上，不仅具有增值潜能的特点，同时还具有收益性的功能。基金包括开放式基金和封闭式基金。基金从广义上说，是机构投资者的总称，包括公积金、退休基金、保险基金、单位信托基金、信托投资基金、各种基金会的基金。狭义的基金是指具有某种特定目的和用途的资金。政府或某些事业单位的出资者不要求投资收回和投资回报，但要求按出资者的意愿或法律规定把资金用在指定的用途上，这样就形成了基金。我们通常所指的基金是证券投资基金。

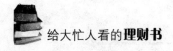

证券基金的种类

证券投资基金是指以发售基金份额的形式，将所有投资者的资金集中起来，形成独立资产，以投资组合的方法进行证券投资，是由基金管理人管理和运用资金，基金托管人托管的，一种共担风险、共享利益的投资方式。基金投资人在享受证券投资收益的同时也承担着投资亏损产生的风险。

证券投资基金按照不同的种类可以分为以下几种：

（1）根据基金单位是否可以赎回或增加，可以将证券投资基金分为封闭式基金和开放式基金两种。

① 封闭式基金是指基金的规模在发行前已确定，在发行后的规定期限内固定不变的投资基金，属于信托基金。从我国封闭式基金运行的情况来看，无论状况如何变化，我国封闭式基金的交易价格走势也始终保持先溢价、后折价的价格波动规律。

② 开放式基金在国外又称共同基金，是指设立基金后，投资者可以随时赎回或申购基金单位，基金规模不固定的投资。

与封闭式基金相比，开放式基金具有更多的优点。在柜台上买卖和风险相对比较小、不限制发行数量、买卖价格以资产净值为准，这些特点对于中小投资者来说是比较合适的投资方式。

（2）根据投资对象的不同，可分为债券基金、股票基金、货币市场基金等。

① 债券基金是指专门投资于债券的基金。它通过集中众多投资者的资金，对债券进行组合投资，寻求较为稳定的收益。债券基金具有收益低、风险低、费用低、注重当期收益、收益比较稳定等优点，这种投资方式适合不愿过多冒险，又谋求当期收益较稳定的投资者。

② 股票基金是投资基金的主要种类，顾名思义，是以股票为投资对象的投资基金，与投资者直接投资于股票市场相比，投资费用较低，风险较小。除此之外，股票基金还具有变现性高、流动性强的

特点。

③货币市场基金是投资于货币市场上短期有价证券的一种基金。货币市场基金资本安全性高、流动性好，投资者可以根据自己的需要转让基金单位，不受日期的限制。

（3）根据投资收益和投资风险的不同，可分为平衡型投资资金、成长型投资基金、收入型投资基金。

① 平衡型基金是指以获得当期收入和追求基金资产长期增值为投资目标，以保证资金的安全性和盈利性，把资金分散投资债券和股票的基金。

② 成长型投资基金是指以追求资本的长期成长作为其投资目的的投资基金，此类基金一般很少分红，经常将投资所得的红利、股息和盈利进行再投资，以实现资本增值。

③ 收入型基金是能为投资者带来高水平当期收入的投资基金。收入型基金一般把所得的红利、利息都分配给投资者。这类基金虽然成长性较弱，但风险相应也较低，适合保守的投资者和退休人员。

（4）根据组织形态的不同，投资基金还可分为契约型投资基金和公司型投资基金两种。

① 契约型投资基金也称信托投资基金，是基金发起人依据与基金托管人、基金管理人订立的签金契约，发行基金单位组建的投资基金。

② 公司型投资基金是由具有共同投资目标的众多投资者，组成以盈利为目的的股份制投资公司，并将资产投资于特定对象的投资基金。

我国现在证券投资基金设立均以契约型基金设立。

基金的基础知识

张先生说，他开始上大学的时候，刚听到"基金"这个新名词，于是经过深思熟虑，他把奖学金、稿费、假期打工挣来的钱作自己的

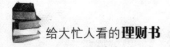

原始资本，买了一只 3000 元的基金。过了一段时间，也懂得了一些投资基金的技巧。到最后投资的不多，赚的也不多，但和别的同学比起来，自己总算还有点小小的收入。这么多年来，张先生在基金里磨炼了心智，增长了不少见识，也收获了可观的财富。要想在基金里得到更多的财富，他认为选择好自己投资何种基金是很重要的，就像谈恋爱、结婚要选择好对象是一样的。

怎样购买基金呢？

基金主要适合缺少经验、缺少投资时间的人群购买。由于各种基金风险不同，投资者可以根据自己对风险的承受能力选择适合自己的基金进行投资。基金投资的风险由高到低的顺序大致是：股票型基金、混合型基金、债券型基金、货币市场基金。投资者也可以通过各级风险都投资一部分的办法来分散风险和平衡收益水平。

买基金和普通的股票投资一样，可以在证券大厅交易。很多银行都有基金销售，比如中国建设银行和中国工商银行，可以通过和基金合作的这些银行代卖点申购。

购买基金之前需要详细询问一下利息比和相关费用，然后再仔细研究基金管理公司内部情况和基金管理公司以往的业绩，以便更好地做出选择。投资者可以利用以追求长期基本利益为主要目标、每年"受益分配"都不高的成长型基金，为积累未来的购买房产基金、子女教育基金、退休金等，这种基金主要适合承受能力较高、年纪较轻的投资者。收益型基金投资报酬略优于定期的银行储蓄，且缺失本金的风险比较低。此类基金强调有固定的收入，希望投资后能够领取固定收益的人和部分退休人员可以选择此类基金进行投资。

基金不像开商店卖东西，可以随时得到收益，投资基金要有足够的耐心和时间。购买基金的投资者要做好充分的准备，在购买之前要选择好投资基金的产品和公司，对基金、基金管理公司、市场做一个充分的了解，做一个明白的基金投资者。

2. 投资基金：选产品，更要选公司

很多人买东西都喜欢看质量和品牌，购买基金也需如此，不仅要选择好的基金品牌，更要看投资的基金公司。在把钱投入到基金公司之前，要先看清你所选择的基金公司是否值得信赖。

怎么选择基金

大部分人都不是专业的基金人士，所以在投资之前，投资者必须在众多的基金中选择适合自己的基金，这种做法是很重要的。因为只有通过选择适合自己的基金进行投资，才能在自己可以承受的风险程度下实现投资收入的最大化。

（1）基金的主要因素

由于投资者的年龄、收入水平、家庭资产、社会地位及理财观念各有不同，投资的目标也有异同，所以明确自己的投资目标后就应该选择适合自己的基金类型，一般主要考虑以下几点：

① 基金的规模。一般来说，一个基金大小是否合适，是根据该国证券市场的发展规模来决定的。据专家研究表明：美国基金资产总值5亿美元最为理想；英国则在八九百万美元较合适；而在中国目前市场上，以20亿元人民币左右的规模是最佳的选择。

对于初次投资基金的人来说，基金规模的大小是必须考虑的问题。规模较大的基金，往往会忽略掉升值潜力较大的小公司股票，从而影响基金收益。如果基金的规模过大，基金的流动性就会差。

② 自己所能承受风险的能力。投资者还要对自己的理财目标及风险承受能力进行分析，选择与自己风险承受能力相匹配的产品。选择基金产品最重要的就是要了解基金经理人的从业经历，了解他曾经管理过哪些基金、业绩如何，基金经理人的诚信与基金产品的好坏大于基金的收益。

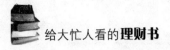

(2) 根据基金的基本状况来选择基金

在选择基金之前，要先看懂基金的公开说明书。投资者一般可以了解到基金投资的目标和方向、基金经理人和基金托管人的情况、基金的分红状况、基金发行的总股本、每股售价等内容。

首先，可以根据基金的总股本确定基金资产的规模大小，做出适合你的选择；其次，在基金招股说明书中，也可以了解到基金的收益与分配，是每年获得固定的分红获利还是追求资本增值，都可以根据情况做出选择；最后，还可以根据你所规定的基金投资目标和方向，按照自己可以接收的风险及想要获得的收入，决定选择收入型基金还是成长型基金。

怎么选择基金管理公司

买基金就像是在找专家帮你炒股，所以一定要对专家——即基金管理公司进行考察。从投资的长远目光来考虑，基金公司的诚信与基金经理人的素质直接影响着基金的收益。

基金管理公司管理水平的高低、管理规范与否直接关系到基金管理的资产能否增值。所以，除了要选择适合自己的基金品种之外，选择好的基金管理公司是至关重要的。据最新统计，目前国内已成立的基金公司达到 57 家，已有 52 家基金公司推出了基金产品。包括内资、外资基金公司，大、小基金公司，新、老基金公司。在众多的基金公司中做出选择，确实要下一番功夫。下面介绍一些选择基金公司的依据作为参考。

(1) 基金管理公司历年来的经营业绩是投资者要考虑的重要因素。各基金公司设立的时间不同，累计净值增长也会存在差异。投资者可以根据特定时间段内，基金净值增长情况做一下评估。投资者可以从多方面了解该基金公司的能力，如，该公司内部管理机制、研究人员的实力、以往的业绩等方面，基金运作的时间越长，越能看出该基金公司的水平。例如，目前收益在开放式基金中名列前茅的几家基金，其管理公司均背靠实力强大的研究人员队伍，为这些基金及早在 2002－2003 年购入汽车股、钢铁股、电力股、石化股等立下了汗马功劳。

（2）公司股东的实力是基金公司能否不断发展的关键所在。对于基金公司来说，获得一个好的发展平台，首先要有实力雄厚的股东和身后的金融背景。国内基金企业刚刚起步，基金公司的发展都离不开股东的大力支持和帮助。所以，在选择基金公司的时候要看一下股东的实力如何。

（3）基金公司的诚信度，是否按规则办事，这些也是不可忽略的重要因素。投资者可以借助媒体、电视的报道鉴别基金公司是否具有诚信。另一方面，由于社保基金在选择基金管理公司时对公司各方面都有通盘的考察，所以，普通投资者跟随社保基金的脚步投资，就可以避免多重风险。

（4）基金公司的投资能力。现在存在着各种投资理论，所以不可单纯依靠媒体的宣传，它只能作为投资者参考的渠道。只有取得实实在在的突出业绩，才能证明这是能赚钱的基金。旗下基金整体业绩出色的基金管理公司是值得信赖的。如今，各大研究机构针对基金的业绩排名已经越来越专业，越来越细化，投资者要比较媒体上刊登的这些数据。另外，还要选择优秀的基金经理，丰富的从业经验和良好的过往业绩，这些条件决定了投资者是否可以放心地把钱交给他们。

（5）规范的运作和管理是基金公司必须具备的。判断基金管理公司的管理运作是否规范可以看基金管理公司有无明显的违法现象，看基金管理公司治理结构，包括董事的设立及地位、股权结构分散程度是否规范，看基金管理公司对旗下的基金管理、运作及相关信息的披露是否准确、全面、及时。

（6）基金公司的投资专长和投资风格也是投资者需要了解的。不同的投资者需要根据自己对风险的承受能力选择不同种类的基金。在选择基金公司之前，要了解各个基金公司的投资风格和投资强项。

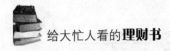

（7）投资者还要考察基金管理公司的服务质量、市场形象及水平。对于封闭式基金而言，基金管理公司的市场形象主要通过旗下基金的净增长值和运作情况体现出来。市场形象较差的基金管理公司，旗下基金往往会受到投资者的冷落。市场形象较好的基金管理公司在市场上较容易受到投资者的青睐。所以，基金管理公司服务质量、市场形象及水平是投资者参考的重要因素。

现在基金业正在迅猛地发展，新的基金产品也将层出不穷，投资者面对的会是更多的基金产品的选择。投资者在选择基金的时候，要形成思考的习惯，花些时间考虑自身的需求和理财目标的变化，选择适合自己的基金品种，同时培养良好的投资习惯，坚持长期投资的理念，将有助于实现长期的财富增长。

3. 让基金转换得心应手

随着国际市场的下跌，所有的股票、基金、黄金价一直都是动荡不安的。这时就有不少基金投资者在市场呈现下跌并很有可能延续一段时间时，会选择转换基金。基金转换业务是指投资者在持有一家基金管理公司的任一开放式基金后，可选择自由转换成另外一家会司管理的其他开放式基金，这个是属于直接申购而不需要先赎回自己已经持有的基金单位，然后再申购目标基金。

在基金转化时，合理的利用是能给基民们带来不少好处的。往往是天有不测风云，股市的动荡不安恐怕也不是人人都能把握住的。但是，投资者是完全可以根据市场行情的变化，来进行不同类型基金的转换，不断地调整组合的构成比例。从而达到使自己的投资组合更加符合市场的发展趋势的目的。比如说，在股市波动比较大时，这时选择把高风险的股票基金转换成低风险的货币基金或债券基金，将会加大低风险产品的配置系数，给自已增益。当然如果是行情好的时候，就可以多配置股票型基金。

基金转化的好处

王先生是一位正宗的基民，他做基民已经很多年了。当然其中有赚也有赔，王先生以做基民很多年的经验告诉更多的热衷基金投资的人们：在基金上赚钱最主要的是要有经验，要多学习、多观察，更要学会基金转化。王先生说基金转化是在基金投资中很主要也很常见的一件事。股市是飘摇不定的，要么你会很赚、要么就是赔。所以，看到股市上呈下跌路线时就要选择基金转换了，这样才会更好地减少损失。

（1）省钱。如果是自己先赎回一只基金然后再申购另一只基金，这样不但先要支付赎回费，还要自己支付申购费。这时，如果投资者通过转换基金，则只需要支付赎回费和申购补差。我们来举个例子：假设某基金公司的债券基金申购费是 A，赎回费是 B；股票基金的申购费是 X，赎回费就假设是 Y。如果投资者想把该公司的股票基金转为债券基金，就只需要支付 Y，但是这时如果先赎回再申购，就需要支付 Y＋A 的费用；如果这时想将债券基金转换为股票基金，也需要支付 B＋（X－A），但是，如果选择先赎回再申购，就需要支付 B＋X。以上可以说明，基金转换是很省钱也是很划算的。

（2）省时，省力。我们手中所持有的基金如果先赎回然后再申购，将花费 3－7 天的时间，而且过程很麻烦。你必须首先去办理基金赎回，等到确认后，再去银行办理申购，并且还要继续等待申购的确认。确认后，才算是真的把手续办完了。而基金转换基本上和普通基金申购时间一样，首先，申请转换，然后基金公司就会在申请转换的第 2 天给予确认，投资者可以在申请转换的第 3 天查询转换后的情况。对于那些边工作边投资的基民来说，这一来一去节省了不少时间，自己又可以赚不少钱。相应地，也减少了操作步骤的麻烦。

众所周知，基金转换会比正常的赎回再申购业务要更节省时间，手续也更简便，完全可以说是省时、省钱又省力，还可以提高资金的

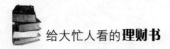

利用率。但是，在同一家基金公司的基金转换，在节省费率上也是有一定技巧的。一般对于倾向于在不同风格基金之间频繁转换的基民们来说，可以选择伞型基金，这时也就只需要很低的成本或零成本转换，完全可以节省不少的交易费用。伞型基金是作为一种"自助餐"式的基金组合来进行的，基金之间具有互补的特性，这样有利于基金转换。

如何选择转换时机

（1）根据宏观基金形式来确定

一般有基金转换这方面的投资者，一定要注重宏观经济的变化以及各类金融市场的趋势分析。在刚刚经济复苏期，股市才逐渐转好，投资者这时应该选择股票基金；当经济高涨，股市涨至高位的时候，投资者这时就应逐步转换到混合型基金了；当高企，利率很高，经济过热，就快要步入衰退期时，这时债券基金或货币基金是投资者的最佳选择。

（2）根据证券市场的走势来决定

当股票市场经过了很长时期的下跌后又转回到中长期的回升时，这时投资者就比较适宜将货币型、债券型的基金转换为股票型基金，这样投资者就完全可以充分地享受股票市场上涨给自己带来的收益了。当股票市场在经过长期上涨后又开始迅速下跌时，投资者就应该赶快将股票型基金转换成货币型或债券型基金，这样可以回避风险，避免给自己带来亏损。

（3）根据具体基金的盈利能力来选择

目前基金规模在不断迅速地壮大，一般规模比较大的基金公司下都会有好几只根据不同风格而做的配置型基金和股票型基金，彼此之间表现出差异也是避免不了的事情。这时，如果目标基金的投资能力突出时，基金净值就会相应地增长潜力。这时候投资者就完全可以考虑将手中表现相对较差的基金转出去，这也不失为一种保值的好办法。

基民在做基金转换时，要根据不同的情况、不同的时机来转换基金。在基金转换时，还需要支付一定费用。一般来说，公司提供的基金转换费用包含了赎回费和申购补差费。赎回费就是在你赎回自己的基金时要支付的费用，而申购补差费，简单地说，就是当你将申购费率低的基金转到申购费率高的基金时，公司从中收取一定的申购费差价。但是，一般从申购费率高的基金转到申购费率低的基金时，是不收取差价的。

除了上述转换基金的费用外，还有很多基金公司都有自己公司的规定，转换费率一般是根据投资者持有期超过一定年限，从而所获得进一步降低，有些也可以是免费转换的。

4. 先保本钱，再谈收益

很多的基金投资者在投资初期都想在短期之内有很大的收益，这种思想无异于股民在股市中坐收渔翁之利的思想，任何的资金投资都带有不可估量的预期性。不过，对于尚在观望的投资者而言，他们更想知道在保本的同时如何获得最大的收益，以及在什么样的价位赎回才能既保本又盈利。

大多数基民都信奉一种原则：先保本金再盈利。专家也指出：当前基金市场风云变幻，股票型基金风险更大。对广大的投资者来说，在保证本金的基础上力争稳健增值才是第一位。

一部分投资者的头脑始终处于清醒状态，他们在寻找一种既能规避风险，又能有高收益的理财产品。有理财专家建议：不妨把目光聚焦到保本基金上。相关资料显示，目前三年期定期存款利率为2.52％，而市场上几只保本基金的收益率，也远远超过三年期凭证式国债利率（3.39％）。再者，由于保本基金将相当部分资金投资在转债、国债上，在国债、转债利率提高后，其收益自然"水涨船高"。

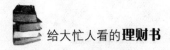

并且在风险控制方面，保本基金的风险几乎为零，消除了投资者对本金安全的后顾之忧。所以对于保守型投资者来说，保本基金无疑是最佳的投资选择。

目前保本基金大都引入了第三方担保机制来确保本金的安全。比如南方避险增值就引入了中投信用担保有限公司进行担保。有了担保机制和投资机制这两种机制的双重保险，对于股票型基金净值的大比例缩水，保本基金投资者却不用担心，仍能做到本金无忧。

所谓保本基金是指在一定的投资期内（如 3 年或 5 年），一方面通过投资低风险的固定收益类金融产品，对投资者所投资的本金提供一定比例（一般在 80％－100％）保证的基金，另一方面还通过其他的一些高收益金融工具（股票、衍生证券等）的投资，为投资者提供额外回报。基金管理公司会保证投资者在基金期满后取得投资本金的一个百分比，如 100％的本金。

保本基金的特点

保本基金是一种风险很低的基金。保本基金在市面上所有的基金中，投资风险相对比较低，因为保本基金至少可以让我们得到本金。我国目前推出的开放式基金中，属于保本基金的有：天同保本增值、嘉实浦安保本、金象保本增值、南方避险、银华保本增值。

保本基金的特点主要有：

（1）半封闭性

有人说，保本基本比较适合长期投资的投资者，这个说法很有道理。保本基金一般有一个保本期，这个保本期是固定的。投资者在保本期限到期以后，才有资格获得保本金额。但是，如果投资者想在保本期内拿回自己的保本金，那么就要承担一定的风险，所以，在保本期限内，一般不接受基金的申购。

（2）本金保障

保本基金一定程度上可以保证本金安全。同时，在风险特性上，保本基金的投资明显低于其他基金品种，特别适合那些希望在一定程度上参与证券市场投资的投资人，又能使本金不受侵害。

（3）增值潜力

与银行存款或国债投资相比，保本基金也具有较高的增值潜力。如果热衷于此类投资，那么建议投资者先仔细阅读基金合同，在了解保本基金的情况和注意事项后再进行投资。保本基金在保证投资者本金安全的同时，通过各种金融或者股票衍生出来的产品的投资分享证券市场较高的收益。

由于目前基金市场不稳定，很多投资者在经历得与失之后，就会产生"先保本金，再谈收益"的想法，希望能降低损失，保住本金，这的确是一种很为稳妥的做法。但是，也奉劝基金投资者，这样的投资方式，也不是适合每一个人的，正确的投资方式应该根据自己的目标，定一个明确的区域。

5. 年终莫忘盘点基金组合

"不把鸡蛋放在一个篮子里"是基金投资者常见的做法。所谓基金组合，就是指投资者把部分投资分散开，放在不同"篮子"里，既能起到降低投资风险的作用，又能得到比较稳定的收益。现在，越来越多的投资者都逐渐拥有了分散风险的意识，懂得将投资放在不同的基金品种上。但是，别忘了在年终的时候，重新盘点一下基金组合。

盘点基金组合

随着基金的队伍的不断壮大，基金企业也得到迅猛发展。

基金的投资组合是影响基金净值最为重要的因素，也是影响基金业绩的关键。关注基金投资组合的发展变化及方向，有助于预测市场的发展动态。投资者通过基金投资组合的变化，会在一定程度上了解债券、基金配置股票及持有现金的比例，从而对基金的净值增长有所

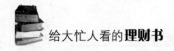

了解。当基金所持现金的比例减少时，就说明在股票或债券的配置比例上有所增加。

(1) 检查基金组合的业绩

在投资者检查基金组合业绩的同时，可选择分为几个不同的时间段，考察基金组合的收益情况，并可以将长期收益率与设定业绩基准比较。检查基金组合效益时，不可能每次都与心里的期望值一致。投资者需要考察的是，期限时间内平均收益是否达到预期期望值。那么，如果收益水平比较大地超出了预期收益，也不要过度欢喜；如果在规定期限内没有到达预期收益，也不要惊慌。但是，值得一提的是，如果损失超出了你能承受的范围，那就意味着投资组合的风险远远超过了你的预期，你就需要对现有组合进行重新评估。

如果你发现基金组合中，有某只基金状况不好，且这只基金在很大程度上拖累了整个基金组合，那就要认真分析该基金组合产生问题的源头，看看是否是因为该基金的投资风格在这段时间内的市场中不时尚所致，或者因为基金经理变动、资产规模过度膨胀带来的业绩迅速下滑。如发现某只基金保持以往状态，那千万不要轻易更替；如某只基金发生变化，不再符合以往期望值，那就可以考虑用符合期望值的基金对该只基金进行更替。

(2) 检验各基金规模变化

一个成功的投资者，除了要对基金组合业绩考察，还应该多关注投资组合内各基金基本面变化，其中，较为重要的一点可以说是基金规模的变化。有时，可能会有不少基金进行了大比例的分红或拆分，在低净值诱导下，资产规模会迅速膨胀，资产规模会发生变化，那么这必将会导致投资方向、成长模式等指标变化。

举例来说，刘先生当初购进一只小盘成长型的基金，资产净值大概在 10 亿元左右，刘先生主要看重该基金在市场有变化时的灵活性及其积极的成长性。经过拆分之后，资产规模扩大成为 100 亿元，该基金不再拥有小盘基金的先天优势，所以不得不转向成为大盘成长型，这就有悖初衷。

（3）检验基金组合各项配比股

所谓的配比，就是在整个的投资基金组合中，是不是拥有高收益的、抗击风险的、适合长期持有的基金等，分析各类基金所分配资产是否合理。

有时，基金市场会持续不断出现连续震荡上扬态势，随着政府宏观调控力度增大，市场风险也会随之增大。所以，建议投资者手中的基金不仅要做出转移，也要适当引入混合型、平衡型、生命周期型基金，以对抗股市波动风险。

（4）检查基金组合的特征

基金组合中的每一项投资，可以说都是随着市场的波动，不断发生变化的，即使是基金经理，也会买入卖出证券。所以，每间隔一段时间，基金组合中各项投资比例多少都可能会发生一些变化，组合的特性也会发生变化。如果忽视基金组合特性的变动，那么投资者可能在不知不觉中就会承受预期之外的风险，甚至达不到原有的投资目标。

通过对基金组合业绩、各项配比股、规模及基金组合特征的盘点、考察，可以清晰地了解到基金组合特性的变动程度，以及这种变动是否影响到投资者目前投资目标的实现，如发现无法达到预期收益，要及时对基金组合做出调整。

调整基金组合的方法

其实，买了很多只基金，也并不完全意味着建立了组合，并非基金数量越多，就越符合基金分散化的要求。如果投资者所投资的这一只基金和另一只并无多大的差异，那么就不可能实现分散风险的目的。

因此，投资者在盘点基金组合时，要按原则调整基金组合。

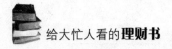
（1）构建合理的基金组合

建议基金投资者在投资之前，一定要根据自身的投资目标、投资周期、对风险的承受能力，以及想要获得的收益来详细制订适合自己的投资方略。投资者想要有稳定的收益，在构建基金组合时，可选择风险较小、收益较稳定的基金。

建议：在投资组合确定了之后，投资者必须定期观察组合中各基金业绩表现。如在一定时期内，一只基金的表现落后于同类其他基金，则应考虑更换。一个较简单便捷的办法就是跟踪各基金在各类评级中的排名情况。如果某只基金在一段时间内排名较为靠后，就可以把它调整出组合。

（2）分散投资

分散投资可帮助投资者在波动不断的基金市场中获得良好收益。分散投资包括资产的基金风格和动态配置的互补。前者主要关注基金组合是否具有同质化，同一风格的基金是否可以通过行业交叉来分散风险；后者主要是关注通过基金组合中的债权、股票、现金等大类资产配置是否符合理财目标。

如果投资者手中的基金都集中于某种投资风格或某行业中，那就会减少基金组合分散投资功能。作为一个成功的投资者，应仔细研究基金投资风格、策略等，选择互补的基金，构建分散组合。

建议：分散投资一定要把握好度，千万不要投资较多的基金，一是不利于跟踪分析，二是可能会影响整体收益。

（3）关注中长期

当投资者决定购买某种基金的时候，对于同种风格的基金需要精细地筛选，可从基金的长期业绩、基金经理、公司品牌、费用和风险评测团队等因素来考虑。需要注意的是，投资期限较长的投资者在选择基金的时候，不妨更多关注基金中长期业绩，从而避免短视。

建议：长期投资目标的核心组合，大盘平衡型基金比较适合。核心组合的基金应该有很好的分散化投资，并且业绩稳定，可以选择基金经理在位期比较长、费率低廉、投资策略比较容易理解的基金。

基金的投资需要平稳的心态，年终时不忘盘点基金组合，审视投资目标。为使投资过程更理性，发现基金组合出现波动时要适当调整自己的投资目标。若基金组合发生其他情况，投资者要考察实际情况，看看是否需要重新调整与投资目标相匹配的基金组合，以获得更棒的收益。

6. 基金投资应避免的错误

市场上可选择的基金很多。在眼花缭乱的基金公司中如何选择适合自己的基金，投资者很难把握要点。但是，选择适合自己的基金，又不是一件容易的事。

投资十忌

一忌：甩手不管

很多人买基金后就束之高阁，不去管它，像炒股时所用的"捂股"的投资策略，结果可能会因基金市场或单只基金净值出现比较大的变化，致使投资损失。现在基金净值一般随股市而波动，股市涨跌起伏较大，如果基金不慎大量持有了"地雷股"，那这只基金也可能被套，这时投资者再不去关注基金的持股情况和净值走势，则很可能也被基金套牢。因此，购买基金后，可以通过理财报刊、基金网站等信息渠道，来及时关注基金的运作和走势，以免造成较大的投资损失。

二忌：犹豫不决

在开放式基金投资中的一个大忌就是"犹像不决"。很多投资者在基金下跌出现机会的时候，在不停地琢磨，但可能还没有探底，基金又掉头向上，这样就错过了最佳的投资时机；而当基金净值上涨的时候，又拿不定主意，犹豫不决，眼睁睁看着基金上涨而失去投资机

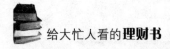

会。对基金投资时机把握不准的投资者还可以采取定期定额申购的方式来平衡购买价格。投资开放式基金的时候，要做好必要的分析和研究，考虑好之后一定要立即行动。

三忌：面面俱到

"面面俱到"就是投资过多的基金，把钱投入到各种基金品种上面。很多投资者信奉"不把蛋放在一个篮子里"这一原则，从而在购买基金的时候，喜欢购买不同基金公司多只开放式基金。从风险的概率来分析，分散投资的方式确实能减少风险，但基金与其他风险性投资工具不同，运作和收益相对透明一些，也就是说从收益排行榜上便能看到各只基金的收益情况，在这种情况下，再去选一些始终不能给投资者带来回报的绩差基金就有点一意孤行了。同时，集中购买一家公司基金可以享受基金转换上的优惠，也便于资金管理，达到一定的金额还可能有积分奖励，如果是分散投资，可能就无法享受了。为达到分散风险，可将钱投到不同种类的基金上，但不应过多地分散，一般三四只是最有效的方法，这样既分散了风险又便于管理。

四忌：集中投资

与"面面俱到"相对应的就是要把鸡蛋适当地分散在几个篮子里，但不可太过分散。投资适当分散，是避免风险集中的重要办法。所以，在可能的情况下，根据投资者的风险承受能力，首先选择不同管理风格的基金经理管理的基金；其次，选择认购、申购不同的基金品种。有时专家会根据基金品种，对其风险做如下的排序：货币型基金、债券型基金、混合型基金、股票型基金，其实不然，不同品种的基金在不同时期的风险也各不相同，投资者不要完全依赖这种风险排序来购买基金。

五忌：炒股思维

进入基金市场的很多人都是从股市中摸爬滚打过来的，所以大都按照炒股的方式来买基金。其思维主要表现为：其一，大多不是自视过高就是有轻微的癔症，看着"K"线，断定自己有低进高出的非凡才能；其二，赚了就跑。基金投资与炒股不同，要想在基金市场中获益就必须抛弃炒股思维。既然投资了就得相信优秀基金公司的专业团队，其智慧和所处天时、地利应该比大部分股民都高一些、好一些。要记住，中长线投资才是投资基金市场的基本思维。

六忌：依赖直觉

成熟的投资者不应该单纯地依赖直觉，不要轻信基金公司夸夸其谈的"路演"，不要相信基金公司收益率的非法承诺。应该具备一定的基金投资知识，建议在投资基金产品之前对基金管理公司有一个较全面、深入的了解。如果你自己不是专家，就看一下基金管理公司的股东，尽可能想办法多知道这些股东有没有违法违规的历史，管理是不是规范。还有一个方面——调查该公司旗下其他基金的历史业绩，看一下是否稳健发展，如在开放式基金累计净值排名中有没有大起大落等。

七忌：急功近利

开放式基金与股票不同，基本上不会像股票会有"涨停"和"跌停"，其净值在短期内通常不会有太大的变化。比如某只基金时下的净值为1.06元，而两个月后可能仅仅上涨几厘钱，很多投资者对基金这种"蜗牛"般的净值变化往往难以忍耐，于是忍无可忍把手中的基金赎回了。可结果常常是此后的基金净值稳步上行，全年统算下来收益也不菲。所以，频繁地购买和赎回，必然使效益"缩水"。如果所选基金运作比较稳定，持股结构也很好，建议不要太看重眼前基金净值的细微变化，应"放长线钓大鱼"。

八忌：以价格衡量开放式基金的风险

开放式基金的申购价格只受净值影响，不会受到供给影响，也没有什么基本面的因素，因此它的价格（也就是净值）高，只代表基金经理投资能力和绩效高，并不代表风险高；而价格低也可能是投资失误所致，并不意味着风险降低了。

九忌：基金分红之后就马上抛售

许多投资者会做出一个很不明智的选择，那就是一等到基金分完

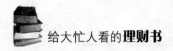

红就马上卖掉手中的基金。一只投资绩效好的基金不会因为分红而下跌，反而可能会继续上涨。虽然分红后基金的净值降低了，但是累积净值并没有受到影响。衡量投资绩效的标准应该是累积净值。

十忌：盲目投资新发的基金

首先，新基金在发行期、封闭期和建仓期里不会产生效益，这就使投资新基金的资金有较大的成本。其次，老基金由于运行多时，基金经理的投资能力和绩效都经过了市场考验，而新基金相对于老基金来言，一切都是未知数，风险可能较大。所以不要盲目投资新发的基金。

基民王先生用2万元以4.9元的价格买入一种基金，第二天就奔到了涨停板。他兴奋地声称要把工作辞了，在家里专心搞基金。可是，没过多久，大盘形势不妙，他买的基金几乎跌停，回到起点。这时王先生才后悔当初没抛出。同基民王先生一样，有这种心理的人实在很多，心急眼红，追求暴利，没有平稳的心态，往往很难在基金市场上得到比较高的收益。所以，提醒广大基民朋友，在投资基金时，首先要有一个良好的心态，能够适时"舍得"，走出心理的误区，才能在基金市场上很好地立足。

7. 投资基金不可忽视风险

任何投资都或多或少存在一些风险，投资基金是将手中的钱交由专业人士管理，进行组合投资，将投资分散开来。但是，这种做法并不是绝对没有风险，只是减小了投资风险。很多股民从股市中辗转，投入基金市场，认为基金投资基本上是毫无风险性的，忽略了基金的风险。不同种类的基金投资，风险其实也各不相同。

投资基金的各种风险

（1）基金投资风险

投资者所追求的目标及投资者的投资方向决定了证券投资基金本

身的风险程度。比如，有的证券投资基金主要投资于业绩稳定的债券或股票市场，其风险相对较小，收益较稳定；而有的证券投资基金主要投资于成长潜力较强的小型股票，其风险就会较高。投资者在进行投资时，要认真阅读基金招募说明书，对所追求的基金目标、证券投资基金的性质、资金投向都应有一个明确的认识，对所投资基金的风险程度有一个基本的评估。

除了各种不同的基金本身存在的风险，基金投资市场也存在一定的风险，对于市场中这些隐形的风险，投资者应该认清并尽可能减少损失。

（2）流动性风险

任何投资行为都存在流动性风险，投资者在进行投资的时候必须有面临这种风险的适应能力，能随时应对基金市场带来的价格波动。经常看到有朋友希望一个月能有10％的收益，那样是不现实的。基金流动性很差，一方面是因为"T＋4"赎回，另一方面就是短期投资很容易被套，而解套需要更多的时间，流动性风险进一步增加。如果碰到大跳水带来的巨额赎回，即使止损也不能成交，流动性的风险就更让人难以承受了。所以说，短期如果有需要动用资金的，就不要投资基金。基金投资者可能会承担因净值下跌低价赎回甚至无法赎回的风险，这就是开放式基金带来的流动性风险。

① 筹资困难。从筹资这一角度来看，流动性指的是以合理的代价筹集资金的能力。筹集资金的难易程度还取决于银行内部在一定时期内资金需求稳定与否及该银行自身财务状况、偿付能力、债务发行的安排、信用度及市场对该银行的看法等因素。在这些因素中，有的与银行信用度有关，有的则与筹资政策有关。如果银行的筹资次数增多或力度突然加大，那么市场看法就可能转为负面。所以，银行筹资的能力是市场和银行流动性两方面的结果。

② 流动性极度不足。流动性风险同时也是一种致命的风险，因为若流动性极度不足，则会导致银行破产。但这种极端情况往往是其

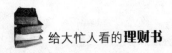

他风险导致的结果。例如，某投资者的违约给银行造成的重大损失可能会引发流动性问题，以及人们对该银行前途的疑虑，这就会导致大规模的资金抽离，或其他的金融机构为防该银行出现违约，对其信用额度进行封冻。以上几种情况均可能引发银行严重的流动性危机，甚至破产。

（3）上市公司经营风险

上市公司的经营风险是指由于上市公司的经营方式所产生的变化。如管理人员或决策人员在经营或管理的过程中出现失误导致公司盈利水平发生变化，可能会导致投资者的收益下降。虽然基金投资的风险会因分散投资而减少，但上市公司出现的风险还是不能完全避免的。

上市公司的经营风险主要来自内部和外部两个方面的因素。内部因素主要有：一是上市公司不及时更新技术，以至于在行业中实力下降；二是草率行事，这主要来自上市公司投资决策的失误，未对投资项目做可行性分析；三是过分地依赖老客户，没有想方设法打开新的销售渠道；四是不注意开发新产品及市场调查，仅仅满足于目前公司产品的市场竞争力和占有率。外部因素则主要来自竞争对手实力的变化、政府产业政策的调整等。公司的经营状况最终表现在资产价值的变化和盈利水平的变化上。经营风险主要通过盈利变化产生影响，对不同证券的影响程度也有所不同。所以投资者在选择投资公司的时候不要盲目跟风，应对上市公司做进一步的了解。

降低投资基金风险的方法

对于没有基金投资经历的投资者，建议不妨采取"试探性投资"的方法，从小额单笔投资基金，或者每月几百元定期定额投资基金开始，这样，可以避免在初入基金投资市场时的茫然失措。此外，投资者要想降低投资风险，投资之前还要充分做好准备工作。

（1）认真阅读基金公告信息

基金公告信息包括上市交易公告书、定期公告、招募说明书及分红公告等临时公告。投资者应通过证券报刊或网站等及时并认真地阅读基金公告，全面了解基金情况及重要文件，只有认真阅读基金公告才能获取风险提示信息，判断基金随时存在的风险性，使自己谨慎投资。

（2）选择适合自己的投资品种

投资者首先要确定自己的投资需求和目标，了解自己的投资心理，根据自身对风险的偏好，选择投资适合自己的基金品种。国内的投资基金品种各异，投资者还应对各类基金的风险程度有一个明确的认识。保守型的投资者，应选择有稳定收益的平衡型或债券型基金；追求较低风险的投资者，可以选择低风险的债券型基金或保本基金；追求高风险高收益的投资者，可选择长期型风险较高的股票型基金或混合型基金。

（3）认真学习基金的基础知识

基金市场日新月异，投资者要学会不断更新自己的基金知识，树立正确的基金投资理念。我国基金市场规模不断膨胀，只有及时学习基金的跟踪基础知识，掌握基金创新的新品种，增强投资基金的风险意识，这样才能防患于未然，把风险降低到最小。

（4）分散基金投资，分散风险

鉴于品种各异的基金风险，投资者要适当地把基金分散投资。但基金市场的风险与收益是不可估量的，所以不要把基金太过分散地投资在多个基金种类上，按照自己的实际情况分散风险的同时，还要考虑到管理的方便和基金收益。

（5）投资之后定期检核基金绩效。投资之后密切关注基金净值的做法是十分必要的。基金净值代表基金的真实价值，投资者无论投资何种基金，都要通过基金管理人网站或交易系统的行情密切关注基金净值的变化。

任何投资都存在不可避免的风险，收益越大，承受的风险当然就越大。投资基金犹如投资股票，都要承担不同程度的风险。因此，投

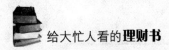

资者在投资之前要先考虑清楚自己的投资目标，一旦认定自己的投资
目标，就要对所投资的基金及基金公司尽可能有一个全面的了解。来
自基金内部的风险是投资者不能掌控的，所以，投资者要将自身带来
的投资风险降到最低，这样才能尽最大可能获得较高的收益。

第六章
输赢一线间——外汇

如果你为分析和驾驭市场做好了充分的准备，外汇交易将会为你带来丰厚回报。

进入21世纪，一个具有无穷魅力的投资理财工具——外汇，正吸引着越来越多的中国人的目光，以至于它深入到社会生活的各个角落，当它突然出现在你身边的时候，你是否想要揭开它神秘的面纱，一探究竟呢？

1. 什么是外汇理财

现有的外汇投资方式除了定期储蓄外，主要分为三大类：外汇买卖、期权型存款和外汇理财产品。

外汇买卖俗称"外汇宝"，是通过低买高卖外汇来实现获利的一种外汇投资方式。"外汇宝"推出时间早，是市场上相当流行的投资方式，但风险较大，本金并不保障，盲目进入很容易被"套"。外汇理财产品恰恰相反，最适合大部分不具备专业知识的普通投资者。这类产品通常本金完全保障，投资者在承担了有限的风险后，即可获得高于普通存款的收益。不过外汇理财产品都有一定的期限，投资者一般不可提前支取本金，由此必然将牺牲一定的资金灵活性。而期权型存款则介于二者之间，它的投资期较短，通常为1—3个月。投资者获得的收益除了定期存款利息之外，还附加了较高的期权收益。但是这种外汇投资方式本金也得不到保障，到期时银行可能会根据市场情况将本金和利息用另一种事先约定的货币支付。

外汇理财产品主要可分为两大类：一是和汇率挂钩的外汇产品；二是和利率挂钩的外汇产品。

对于和汇率挂钩的外汇产品，主要特点是收益率通常设定在一个区间，获取收益的高低往往和两个币种的汇率相关。

适合普通投资者的外汇理财方式有：

（1）期权型存款（含与汇率挂钩的外币存款）。期权型存款的年收益率通常能达到10％左右，如果对汇率变化趋势的判断基本准确，操作时机恰当，是一种期限短、收益高且风险有限的理想外汇投资方式，但需要外汇专家帮助理财。

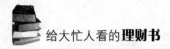

（2）外汇汇率投资。目前国内很多银行都推出了外汇汇率投资业务，手中拥有外汇的人士可以考虑参与外汇汇率投资交易获利，但一些在境外拥有外汇账户的人在外汇汇率投资时，很需要外汇专家帮助理财。

（3）定期外币储蓄。这是目前投资者最普遍选择的方式。它风险低，收益稳定，具有一定的流动性和收益性。而它与人民币储蓄不同，由于外汇之间可以自由兑换，不同的外币储蓄利率不一样，汇率又时刻在变化，所以投资者有选择用哪种外币进行储蓄的优势。

（4）外汇理财产品。相对国际市场利率，国内的美元存款利率仍然很低，但外汇理财产品的收益率能随国际市场利率的上升而稳定上升。另外，如今国内很多外汇理财产品大都期限较短，又能保持较高的收益率，投资者在稳定获利的同时还能保持资金一定的流动性。目前，许多银行都推出了类似的产品，投资者可以根据自己的偏好选择，不需要外汇专家的帮助。

针对以上外汇理财方法，要切实制定理财方案，确定理财目标，认真研究各类外汇理财工具，比较不同理财方法的风险和收益，制定适合自己的外汇理财方案组合，谋求外汇资产的最优增长。

2. 选择适合你的交易模式

目前，市场上外汇的交易模式遍布各个银行，选择什么样的交易模式将直接影响到盈利与亏损。各种外汇市场由于交易者、交易对象的不同，采用的外汇交易模式也不同，这是由交易成本所决定的。我们不能说哪一种交易模式更具活力，因为市场是最公正的裁判员，各类外汇市场本身能够选择适宜的外汇交易模式。根据自身情况的不同，选择的交易模式也不一样。

合适的交易的模式，是增值的好帮手

交易模式可以分为以下几种：

（1）国际通行外汇交易模式

① 间接询价式的交易模式。此种交易模式主要是通过外汇经纪人在银行与客户之间或银行与银行之间联系外汇买卖。一般他们都利用先进的网络信息系统与客户和金融机构建立广泛的联系，比如当今国际汇市上运用最广泛的路透交易系统和德励财经系统等，他们的主要职能是做客户与外汇交易的中间人，代理他们并收取佣金。换句话说就是，客户向外汇经纪人提出自己的买卖价格和要求，外汇经纪人利用其广泛、先进的信息网络，汇集市场各银行的报价，向客户报出最优价格，并促使双方达成交易。

② 直接询价式的交易模式。这种交易模式规模一般很大，主要是在银行与银行之间直接进行。无论是有形市场还是无形市场，只要有其他银行想同本行进行外汇交易，那么这个银行就可以通过多种通信方式直接向本行询价，本行交易员在接到询价后，立即向对方报出该货币的近期汇率或远期汇率的买入价和卖出价。由询价方决定买卖金额，然后再由报价银行承诺，一旦确认，双方合同即告成立，并按规定的交割日进行交割。由于这种交易模式主要存在于银行与银行之间，所以大家只需要了解，并不适合我们自己。

（2）我国外汇市场交易模式

目前，我国的外汇市场分为两个层次：一是银行间的外汇市场，实行的是计算机联网，集中撮合式的交易模式；二是银行与客户之间的零售市场，实行的是柜台式的交易模式。

① 柜台式的交易模式。这种交易模式是指客户与银行间外汇市场的交易模式。由于企业所创外汇需要卖给国家，根据我国的结售汇制度，所需外汇根据规定向外汇指定银行购汇。外汇指定银行每天根据中央银行公布的人民币与美元的中间价，在一定的浮动范围内，制定对客户的挂牌价，与客户进行外汇买卖。

② 计算机联网、集中撮合式的交易模式。这种交易模式主要是指银行间外汇市场，交易主体是外汇指定的银行。银行间外汇市场的

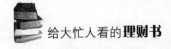

交易载体是中国外汇交易中心的计算机交易网络。中国外汇交易中心以上海为总中心，采取会员制的形式，实现计算机全国联网。在交易方式上实行现场交易与远程交易相结合的方式。不同的会员单位所指派的交易员通过网络交易终端进行报价，根据计算机系统按照价格优先、时间优先的原则，按最低卖出价和最高买入价的顺序撮合成交，并由此形成以市场供求为基础的、单一的、有管理的浮动汇率。资金清算实行本、外币集中清算的方式，人民币资金实行各个分中心负责当地会员的清算，由总中心负责各分中心的差额清算；外汇资金实行一级清算，即总中心直接负责各地会员的清算。资金清算速度均为"T＋1"。（"T＋1"，即交易当天买进的股票，要到下一个交易日才能卖出。）

如何选择一个适合你的交易模式

作为一个外汇理财新手，不知道您对 ECN 平台了解多少？ECN 平台并不是国内外汇交易市场的主流，一般人都会选择 MM 模式。其实，每个人的理财方法不一样，所以每个人的选择也都会有自己的原因。

一般情况下，专业的外汇商人及银行间使用的都是 ECN 交易平台，这种模式采用的是撮合竞价式，由于该模式交易成本低廉，并且门槛较高，所以一般不被广大普通投资者所接触，投资人可以在市场深度中清晰地看见买卖双方挂单情况及力量的对比。不同于传统的市商（FCM）靠通过收取点差来获取收益，ECN 平台只收取佣金。由于市场的活跃程度不同，所以价格落差也不同。在热门货币及活跃时段有时也会出现价格缝合及倒挂现象（这在点差平台是绝不可能看见的，投资者可以从中获取额外收益）。作为银行间交易的一级平台，撮合竞价模式从技术上否定了经纪商人对市场间的价格进行调整和修饰的可能性，从而让市场价格真实透明地体现在投资者的面前。

现在我们再来看看 MM 交易模式。此模式大部分是采用固定点差来收取交易费用的，固定点差是用来标高或标低最优买价和卖价的一种方式。其实，一般我们都知道，没有一个经销商是真正提供无佣金交易的。因此，当一个期货经销商声称自己不收取佣金的时候，那绝对是一个危险的信号。我们可以想想，经销商是通过什么赚钱的呢？其实这个问题也并不难，他们一般是通过标高或标低实际交易中的点差来获得收益的。国内代理 MM 模式的点差一般都是 3—5 个点，个别货币的点差可能会出现 2 个点（这些都是客观评价），这个成本比例要比 ECN 模式明显高得多，因为 ECN 对所有的货币只收 1 个点的佣金费用。

相信大家都很想明白，只有 1 个点的佣金费用，那么经销商是靠什么来赢取利润的呢？其实，如果对外汇市场，特别是国内外汇市场有远见的投资者都可以看到，我们国家对外汇买卖市场的监管还没有步入正规化，对经纪商和代理商也是抱着"先不动它"的态度。但是，就如同股票市场一样，国家同样重视外汇市场的兴起和发展，政策的制定、法规的执行都旨在保护国内投资者的利益。对外汇交易市场比较熟悉的投资者都应该知道，ECN 模式和 MM 模式不同之处就是我们现在经常提到的一个词——"盲点"。

对于刚进入外汇市场的新人，一定要保持一个清醒的头脑，要多花一些时间进行调查、比较和研究，这样就能选择出适合自己的交易模式。

3. 炒汇，该出手时就出手

无论你做什么事情，有一个良好的心态是很重要的，因为良好的心态能够主导你的意识。在面对汇率的涨涨跌跌中，如果你能做到从容镇定，该出手时才出手，那么当你再回首自己走过的路时，你就会发现你走的路是正确的。炒汇其实就是让你人性不断升华的过程。在炒汇成功的同时，你在不知不觉中也把自己的人生境界炒到了一个新的高度！

汇市可谓瞬息万变，在变化如此之快的信息中，如何在行情到来的第一时间采取行动是汇市高手获取收益的关键要素之一。由于网上银行提供的炒汇服务很周到，不像在网点比较烦琐，现在有一部分投资者都是通过网络炒汇的。目前，市场上的各个网上银行都可以为您提供即时外汇交易、外汇账户管理、委托外汇交易、账户信息和外汇信息查询等一组外汇交易功能，这样会帮助投资者减少很多麻烦。所以有更多的机会在网上关注自己的汇率，更利于自己"该出手时就出手"。

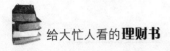 时机决定盈利

康先生一直都是在网上炒汇，每天他都会给自己抽出一段时间登录中国工商银行网站了解股市行情。有一天他发现持有的那只股票涨了些许，几经盘算决定卖掉，他果断行动，小赚了一笔。

同时在下午时分，国际各大汇市相继开盘，康先生心中还惦记着前两天刚刚买入的美元兑英镑，再次登录中国工商银行网站，进入"网上汇市"，发现兑美元的比价已升到了理想的价位，仔细浏览了一下"汇市信息"中提供的各国央行动态、行情分析、各类经济指标和中国工商银行外汇理财专家的外汇市场分析，估计近期英镑还能往上涨，就没有卖掉手中的这份。康先生在短短的一天里，就完美地运用了网上银行理财的两大绝招，及时抓住行情，判断走势，该出手时就出手，轻松玩转股市和汇市。

网上银行外汇页面的信息既丰富又全面，并且提供各种盘汇率的查询、优惠汇率的查询，页面功能跳转灵活方便。所以现在很多人都在利用这个机会来赚取外快，同时，还能为您提供大量的汇市信息及详尽的汇市分析图，使您在掌握信息的同时，又对外汇走势了如指掌。炒汇由不得你犹豫，时机不等人，所以必须做到及时抓住时机，做到该出手时就出手。

做汇做到一定程度会有一个平台期。在这漫长的平台期里，有的人过度谨慎，价位到了自己的伏击圈而不敢打响，还有就是赚一点就跑，吃一点点利润，担很大的风险。这两者就是"不敢斗争、不敢争取胜利"的表现。

做汇千万不要做到"明于微，昧于巨"。切忌在枝节问题上过于精明，在小事情上斤斤计较，有一点盈利就按捺不住，急急出场。这样就造成对以后大的趋势看不清楚，其实只要方向不错，止损可以放大一点，止赢也可大一些。不光是炒汇，就是做别的事情也要果断，不要畏首畏尾。

4. 放长线钓大鱼

现在对外汇稍微了解的人应该都知道这样一个道理：放长线，钓大鱼。但是在波诡云谲、瞬息万变的外汇市场上，要克制短期波动、获得长线收益一般是很难做到的。外汇市场的长期投资不但需要长眼光、大智慧，更要有忍耐力和好心态。

外汇定投就好比放长线钓大鱼，这就要看你的长远眼光和判断能力。如果投资者在刚放下线时就立刻拉出来。收获就会很小，更甚者将没有任何收获。投资者需要静心地等待，消除浮躁心理，等到时机成熟时，鱼自然会上钩。

把眼光放远才能盈利

长期策略＋稳定心态＋客观止蚀＝长期盈利

外汇与股票等金融市场有着很大的区别。股票市场通常属于地方性的，容易受到人为的控制。对于一些有资金的公司，他们通常一个或者多个公司对一只股票，甚至几只股票起到控制性作用。由于普通小股民看到了那些操盘手造出的假象，所以就很容易盲目跟风，很难做出理性分析。从而使自己掉入深渊，很难再重新开始。而外汇是一

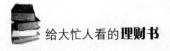

个世界性的大市场，每天的流动资金就可达数兆美元，所以说，即便是投入1000亿元，在外汇市场上的反应也是很小的。

做外汇保证金这种风险在更大程度上可以得到人为控制（这种人为控制是指成熟冷静的分析、正确的市场信息，以及不断增长的操控经验），为了将这种风险降到最低，只有实行长期观望，短线炒作的运作方式。

有些做外汇保证金的人通常抱着一种不成熟的心态，凭借着几种软件上做的简单分析和一些不准确的信息，就盲目进入市场。其结果就是使自己倾家荡产，从此再也不相信投资。

做任何投资都存在一定的风险，如果是稳赚就不可能叫作投资。其实外汇保证金是一种很宏观的投资，它不是只分析几天的行情，只去考虑几天的信息，再靠这几天的运气，就可以蒙到的，它是一种长期旁观的智慧，这样才不会因一时冲动，造成心态失调。它是靠投资者长远的策略和目光来赚钱的。

放长线钓大鱼的长线删除法

现在很多人都认为炒汇是快速致富的方法之一，然而，即便是旷世奇才的炒汇高手，也没有把握掌握外汇市场的行情。人若想在茫茫的炒汇市场中，放长线钓大鱼，不妨先将不熟的产品及表现极端的个汇删除，然后静心地等待大鱼上钩。

长线删除法第一步：删除汇价极端的个股。

对于想要投资外汇的人们，下一步就是要从外汇价格的绝对位置着手，删除不宜长期投资的个汇，比如说当个汇的汇价处于历史高档时，就绝不是买进外汇、长线投资的好时机。

长线删除法第二步：删除跌破的外汇。

目前有很多出类拔萃的投资人，将自己的投资经验、失败教训或交易规律转化成文字，与后来的外汇投资人分享，尽管时空环境背景不一，但在外汇市场交易上，总会上演相同的错误。全球市场景气多

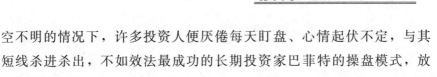

空不明的情况下，许多投资人便厌倦每天盯盘、心情起伏不定，与其短线杀进杀出，不如效法最成功的长期投资家巴菲特的操盘模式，放长线钓大鱼。

长线删除法第三步：删除获利不稳的个汇。

如果有时间，建议您不妨进一步观察个汇近年的获利状况，如果获利波动过大，也不适合长期投资。例如，投资人在自己熟悉的产业中，找几家印象较深刻的公司，透过这些公司的财报，观察近年来公司的外汇盈余，而一家值得投资的公司必须具有一定的竞争优势，营业收入也要每年增长，如此才是值得长期追踪绩效的个汇。

长线删除法第四步：删除自己不懂的产品。

大家对"基本面"这个词应该都不陌生，基本面分析注重金融、经济理论和政局发展，从而判断供给和需求要素。长线投资的首要关键就是重视基本面，了解产业的生态和脉动，以及个汇在产业当中的地位和竞争力等，只有这样才能有效推断个汇长线后市，对自己的长线投资胸有成竹。产业的学问很深，一般投资人能搞懂两三个产业已经非常不错了。既然掌握基本面是长线投资的必要条件，自己有把握的产业又很少，那么，在进行挑选产业的投资选择时，一定要静下心来细选，先删除自己不熟悉的产业，若能果断地删掉一个产业，也就大幅简化了未来挑选个汇的复杂度，也大幅度降低了误判产业前景的风险。

5. 外汇期权——个人投资新方向

外汇期权也可以称为货币期权，是指购买合约的一方在向出售方支付一定期权费用后，所获得的在未来约定日期或一定时间内，按照规定汇率买进或者卖出一定数量外汇资产的选择权。

在国际上，外汇期权买卖按照期权行使通常有两种方式：一种是美式期权，指买入期权的一方在合约到期日前的任何工作时间都可以

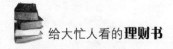
行使的期权；另一种是欧式期权，即买入期权的一方必须在期权到期日当天才能行使的期权。在亚洲区的金融市场，规定行使期权的时间是期权到期日的北京时间下午14：00。如果错过了这一时间，再有价值的期权都会自动失效作废。

李先生在汇市上了解到目前的欧元/美元即期汇价为1.1500，预期欧元的汇价就会在晚上或者第二天上升到1.1600或更高水平。看到这么好的汇率，李先生便向银行买入了一个面值为10万欧元、时间为两周、行使价在1.1500的美式期权。设费率为2.5%（即买期权要付出2500欧元费用）。第二天，欧元/美元的汇价上升了，且超越1.1500，达1.1700水平。李先生这时就可以要求马上执行期权（1.1700－1.500 ＝200）获利200点，即2000美元。但减去买入期权时支付的费用后，李先生仍亏损875美元。

我们可以按照上例的条件再看看刘先生的例子：刘先生预期欧元/美元会在两周内从1.1500水平逐步上升到1.1700水平。于是他同样买入一个面值10万欧元、时间两周、行使价在1.1500水平的欧式期权，期权费只是0.65%（即付650欧元）。但该欧式期权必须等到到期日当天的北京时间下午14：00才能行使。不能像美式期权那样随便执行。假设该期权到期同样以1.1700执行，那么刘先生即可获利1252.50美元（2000－650×1.1500＝1252.50）。

有许多投资者手中拥有一大笔美元定期存款，但却因为没有到期而非常烦恼。从目前的国际汇市走向来看，手中的存款货币明显有下跌趋势，于是不少投资者就想换手买入别的看涨货币（如欧元）。但目前欧元汇价又处于历史高位，买入欧元又怕判断错误，不但亏了定期存款的利息，还被"套牢"，造成浮动风险。这时，投资者们不妨选择运用中国银行的"期权宝"来买入一个看跌或看涨的外汇期权来解决。

那么，"两得宝"又主要适合哪些投资者呢？

（1）手持美元，但是需要在两周、一个月或三个月后使用挂钩货

币（如欧元）的。比如，将要到欧洲学习、考察或旅游的人，可将美元与欧元挂钩。办理"两得宝"卖出期权后，不但有一笔可观的期权费收入，即使期权被银行执行，换成欧元也用得着。所以，"两得宝"是一举两得。

（2）在银行拥有大量的低息外汇存款，而且又不太熟识外汇宝业务，即使有一定认识，但又怕叙做外汇宝带来太大的风险，这时可以选择叙做"两得宝"。叙做"两得宝"进行保值，可收入一笔不小的期权费。只要外汇市场波幅不大，有了一笔期权费作补偿，其风险是相当少的。

（3）家里面有孩子出国留学的，将在一年或更长时间内使挂钩货币的，可运用"外汇宝"或"两得宝"配合操作。如果操作得好，一定会达到"保值、增值、防范外汇风险"三丰收。期权是为避险而衍生的，它是衍生金融产品，中国银行推出了"期权宝"和"两得宝"这一新型的金融避险工具，不但为个人多元化开拓了新天地，而且使外汇投资可双向操作（既可买升，又可买跌）。所以说，期权买卖是保值、增值和规避外汇风险的有力武器，同时也是个人投资的新方向。

如何巧用个人外汇期权

个人外汇期权实际上是对一种权利的买卖，权利的买方有权在未来一定时间内按约定的汇率向权利的卖方买进或卖出约定数额的某种货币；同时权利的买方也有权不执行上述买卖合约。这就为个人投资者提供了从汇率变动中保值获利的灵活工具和机会。具体分为"买入期权"和"卖出期权"两种。

"买入期权"指客户根据自己对外汇汇率未来变动方向的判断，向银行支付一定金额的期权费后买入相应面值、期限和执行价格的外汇期权（看涨期权或看跌期权），期权到期时如果汇率变动对客户有利，则客户通过执行期权可获得较高收益；如果汇率对客户不利，则

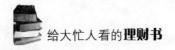

客户可选择不执行期权。

目前，市场上的"卖出期权"是指客户在存入一笔定期时又根据自己的判断向银行卖出一个外汇期权，这样客户除收入定期存款利息（扣除利息税）外又可得到一笔期权费。期权到期时，如果汇率变动对银行不利，则银行不行使期权，客户有可能获得高于定期存款利息的收益；如果汇率变动对银行有利，则银行行使期权，将客户的定期存款本金按协定汇率折成相对应的挂钩货币。与目前我国绝大多数银行只能进行实盘买卖的个人外汇买卖业务相比，期权外汇买卖实际上是一种权利的买卖，权利的买方有权在未来的一定时间内按约定的汇率向权利的卖方（如银行）买进或卖出约定数额的外币，但该门槛是针对在银行有 5 万美元存款的用户的。

有关专家总结：假如汇市出现单边上涨或下跌走势时，汇民可以买入期权，以规避风险和锁定收益。如果汇市出现牛皮盘整的走势，汇民就可以选择卖出期权，向银行卖出一个上涨或下跌期权，利用市场盘整走势，赚取期权费收入。如果希望锁定风险，客户最好选择买入期权，如中行推出的"期权宝"。

外汇期权的优点在于可锁定未来汇率，提供外汇保值，客户有较好的灵活选择性，在汇率变动向有利方向发展时，也可从中获得盈利的机会。对于那些合同尚未最后确定的进出口业务具有很好的保值作用。期权的买方风险有限，仅限于期权费，获得的收益可能性无限大；卖方利润有限，但是，风险无限。

当您看中一套当前标价 100 万元的房子，想买又担心房价会下跌，想观望又怕房价继续涨。假如房产商同意您以付 2 万元为条件，无论未来房价如何上涨，在 3 个月后您有权按 100 万元购买这套房，这就是期权。

如果 3 个月后的房价为 120 万元，您可以 100 万元的价格买入，120 万元的市价卖出，扣除 2 万元的支出，净赚 18 万元；如果 3 个月后房价跌到 95 万元，您可以按 95 万元的市价买入，加上 2 万元的费用，总支出 97 万元，比当初花 100 万元买更合算。

因此，期权是指期权合约的买方具有在未来某一特定日期或未来一段时间内，以约定的价格向期权合约的卖方购买或出售约定数量的特定标的物的权利。买方拥有的是权利而不是义务，他可以履行或不履行合约所赋予的权利。

在上例中，您拥有的是"购买"房产的权利，这就是看涨期权。如果您在支付了 2 万元后，允许您在 3 个月后以 100 万元"卖出"房产，这样的权利就是看跌期权。

6. 外汇投资要避免的心理误区

在外汇投资当中，有八种心理弱点最容易导致投资者失败，所以必须注意并加以克服。

（1）盲目的心理

汇市会受到很多复杂因素的影响，总是起伏不定。有些投资者是在盲目跟风的情况下就糊里糊涂地贸然进入市场，他们从未认真系统地学习过投资理论技巧，也没有经过任何模拟训练，甚至连最起码的外汇基础知识都不明白，就参与投资，其在汇市上的资金账户必然会迅速贬值；还有的投资者一旦发现汇价大幅波动或有汇评专家推荐，就不假思索大胆入市，常常因此被套牢，甚至爆仓；还有一些投资者受到汇市的影响，看见他人纷纷购进某种货币时，在自己不了解的情况下，也盲目地跟着购买；也有人看到别人抛售某种货币，就稀里糊涂不问理由地抛售自己手中后市潜力很好的货币；更有人听取别人的谣言，致使汇市掀起波澜，市场供求失衡，供大于求，汇市一泻千里。这些都是会给自己带来亏损的。所以，投资者要树立自己买卖某种货币的意识，不能盲目地去投资，或者盲目地跟着别人走，要有自己的主见和眼光。

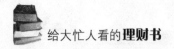

（2）贪婪恐惧心理

如果一个从事外汇投资的人具有贪婪恐惧的心理，那么即使这个人再聪明也会变得愚笨。每一个投资者都是为了获取投资收益而来的，但是太贪心是不对的。很多时候投资者的失败就是由于自己过分贪心造成的。货币市场上这种贪心的投机人并不少见，他们不想控制，也不能够控制自己的贪欲。每当某种货币价格上涨时，总不肯果断地抛出自己手中所持有的货币，绝不放弃更多的盈利机会！这样往往就放弃了一次抛售某种货币的机会。每当某种货币价格下跌的时候，又都迟迟不肯买进，总是盼望货币价格跌了再跌。这些投资人虽然与追涨、追跌的投资人相比，表现形式不同，但有一个共同之处，就是自己不能把握自己。这种无止境的贪婪欲望，反倒会使本来已经到手的获利事实一下子落空。他们只想到高风险中有高收益，而很少想到高收益中有高风险。

在外汇市场中，恐惧也常会使投资者的投资水平发挥失常，屡屡出现失误，并最终导致投资失败。贪婪，是影响你走上成功的绊脚石。恐惧是投资者在汇市上的最大障碍之一，所以投资者要在外汇市场中取得成功，克服贪婪恐惧是很有必要的。

（3）急切焦躁心理

在汇市上做投资，拥有良好的心态是很重要的，不要因为一时的失误而导致你性格暴躁。汇市风云莫测、瞬息万变，不可能事事顺心，投资者有时会心浮气躁，这也是难免的。但是暴躁的心理会使投资者操盘技术大打折扣，甚至还会导致投资者不能冷静思考而做出无法挽回的错误决策。心理急切焦躁的投资者不仅最容易失败，也最容易灰心。拥有这样的性格必须要养成良好的心态，否则你将会在外汇投资中一败涂地。

（4）缺乏忍耐心理

没有任何人不想赚钱，也没有任何人能一口吃个胖子，所以在外汇市场上一定要有耐心。有些投资者一进入市场就恨不得汇价就向着有利于自己的方面运动，最好是幅度越大越好，实现一夜暴富的愿望。不能说没有这种情况，但是出现这种情况的概率是非常小的，一般人入市后，都觉得汇价好像跟自己作对似的，偏偏不按照自己想要的方向运动。其实你不必急躁，一定要有耐心，这正是考验你的时候。千万不要像得了芝麻丢了西瓜的猴子一样，一定要冷静下来，严格按照原来的操作计划行事，千万不要看见其他币种好，就立刻换仓，换来换去只赚了一点蝇头小利或者不赚，往往会因小失大。

（5）不愿放弃的心理

外汇市场对每一个人机遇都是很多的，但是给予每个投资者的时间、精力和资金是有限的。一个人不可能把握住所有的投资机会，这就需要投资者认真、理性地思考并懂得取舍，通过对各种投资机会的轻重缓急、热点的大小先后等多方面衡量，有选择地放弃小的投资机遇，才能更好地把握更大的投资机遇。

（6）把汇市当赌场的心理

具有这种心理的汇市投资者，他们总是希望一朝发迹。恨不得同时捉住一种或几种货币，好让自己一本万利，这样的投资者一旦在汇市中获利，多半会被胜利冲昏头脑，像赌徒一样慢慢上瘾并且频频加注，恨不得把自己的身家性命都押到汇市上去，直到倾家荡产。当汇市失利时，他们常常不惜背水一战，把资金全部投在某种货币上，这类人多半会输得精光。所以，千万不要把市场当成赌场，不要赌气，不要昏头，要分析风险，建立投资计划，多了解市场行情。

（7）专拣便宜货的心理

俗话说"便宜没好货"，虽然不是绝对没有好货，但是这句话也有一定的道理。对一些高价入市的投资者当然会带来不理想的后果，但一心一意想入价格低平的股，有时不见得就一定能盈利。在某种货币市场中，有很多投资者持有这种"嫌贵贪贱"的心理，只想到要买进一些价钱便宜的货币，而不考虑买入那些价格会大幅度上升的货币，他们或许认为这种投资风险很小，其实，风险与收益是成正比的

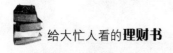

关系。贪贫入市往往会使他们手中持有的某种货币，成了自己永远的累赘，抛售不掉。

（8）举棋不定心理

做事要勇于抓住时机，该出手时就出手。可是有一些投资人在买卖某种货币时，容易受到"羊群心理"的影响，原来制订的计划，考虑好的投资策略，当步入某种货币市场后，往往不能形成很好的证券组合，一有变动，就改变自己的投资方案。例如，投资者事前已经知道自己手中所持有的某种货币是抛出的好时机，并且也做出了出售某种货币的决策，但在临场时，听到他人你一言我一语与自己看法不同的评论时，就改变了自己的决策，从而失去了一次抛售某种货币的大好时机。或者，当投资者事前已看出某种货币价格偏低，是适合买入的时候，而且也做出相应的投资决策，同样地，到临场一看，见到的是卖出某种货币的人密密麻麻，纷纷抛售某种货币，看到这种情景，他又临阵退缩，放弃了入市的决策，又失去了一次机会。举棋不定，自己没信心，不相信自己的判断是在汇市上的一大忌。通过上面的例子我们不难看出，举棋不定心理的主要表现是在关键时刻不能做出正确的判断，从而错失良机。

如果投资者有以上所说的心理误区，那就一定要注意了，其实不管你以后从事什么工作，这些心理方面的弱点是必须要改正的。有句话说得很好：一个人的心态决定成败。拥有一个好的心态就拥有了一个好的未来。

第七章
永不贬值的投资——黄金

黄金是你唯一可以拥有它而同时不受制于任何人的资产。——詹姆斯·布兰查尔德。

因为黄金的安全和珍贵，中国人历来就有"藏金于民"的传统。如今，由于其保值、恒值和避险功能，黄金更成为一种优良的投资理财工具。

1. 投资黄金必备常识

我们都知道，黄金作为一种全球性资产投资工具，是属于古今中外都比较稀有的贵金属，它有很强的耐锈蚀性，也一直被视作是最具有观赏价值的纪念品。中国人最早的投资、规避风险的品种也是黄金。特别是在动乱、通货膨胀严重时，黄金的价值却依然岿然不动。各银行相继为"炒金者"推出各类黄金业务，所以越来越多的市民开始对"炒金"跃跃欲试。目前的黄金市场真的可以说是琳琅满目，各式各样的黄金产品都涌上了市场。这时作为新手的"炒金者"就很是苦恼了，不知道现在市场上究竟有多少黄金产品可以购买？要不要买？买什么？如何买？

投资黄金需理智

最近，市场上含黄金价值的东西真的是琳琅满目，可是为"炒金者"提供的黄金业务大致只有"纸黄金"业务和"实物黄金"业务两种。到底该选择哪种方式"炒金"，不少炒金者还是很迷茫的。

王女士是个家庭主妇，经常去市场看别人炒金。日子久了看到别人炒金总有利润可得，她也心痒了起来。王女士是个急性子的人，所以在炒金时总是很着急地把自己投资的黄金卖出去，而且不去了解市场行情，盲目跟风，以致连连亏损。最后只有求助于自己的老公，她老公把她介绍给自己一个热衷炒金的朋友，在那位朋友的帮助下，王女士现在在炒金市场已经游刃有余了。

炒金也是需要高深技巧作后盾的。

战略一：对号入座。

"纸黄金"和"实物黄金"是最常规的黄金业务。"纸黄金"是指

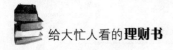

黄金的纸上交易，投资者在账面上买进卖出黄金赚取差价获利的投资方式。这是炒金中最容易和风险最小的一种炒金方式。即使你没有尝试过任何黄金或外汇交易，只要掌握一些交易技巧并关注市场进展，你就能有所收获。而另外一种"实物黄金"业务是指黄金的买卖，它投资保值的特性比较强，是市场上那些追求黄金保值人士的首选之一，它比较适合爱好收藏和长期投资以及馈赠需求的投资者。

战略二：货比三家运筹帷幄。

随着市场上各银行相继推出的黄金产品，让炒金者有了更多的选择权，这时炒金者就要慎重了，一定要货比三家。在选择产品时可以参考各家银行的报价方式、操作方式和各家的优惠措施。一般报价会采用两种方式，就是按国内金价报价和按国际金价报价。在操作上就更简单了，炒金者只需要拿上本人身份证到银行柜面开立活期一本通（长城电子借记卡），就能按照牌价直接进行黄金买卖了。在各银行的优惠方面，重点分析选择更有利于自己的进行投资。

战略三：调整心态静观风云。

炒黄金，心态非常重要，要有耐心。有时价值波动会比较大，这时要有坚韧、放松的心态，做了决定就不能后悔；在交易时要时时记下交易结果，这样可以积累经验；在投资亏损时要有承受能力，要有一些调整心态的办法；要建立一套良好的、行之有效的交易原则以及交易流程，必须要遵守自己的原则，不能违背，这样才会给你的投资增值。

投资黄金应避免的误区

随着黄金市场的不断增多和炒金者越来越精明，很多朋友选择炒黄金都是因为炒黄金比炒股票或者其他投资品种有更高的回报，现货黄金延迟交易是一种杠杆交易，的确有短期获得高收益的可能。我们在炒金时不免会有很多误区出现，只有避免这些误区，才能更好地给自己的生活增值。

误区一：买卖交易靠运气。

有的炒金者在频繁交易的时候就会慌了手脚，这时就会大意起来，其实这时一定要制订好交易计划，做好技术分析，把握自己交易的进出点，有的人会在亏损的时候抱怨自己运气不好，其实单纯地靠运气是不可取的，一定要妥善分析市场的行情。

误区二：为贪图利益，过度地交易。

很多新手都梦想一天就能把一万元变成两万元，其实这就是典型的贪图利益心态。虽然的确有这样的可能，但是这样的情况毕竟是极少数的，进入炒黄金行业以前，必须要有良好的盈利心态。新手不要一入市场就开始频繁下单，不要每天盯盘，过度地交易。一般来说，如果你不是短线高手，就不要选择这种方式。

误区三：亏损后就急于想翻身的交易心态。

面对亏损，急于开立反向的仓位希望立即翻身，这样做往往只会使情况越来越糟糕。一个人亏损后的心态会非常混乱，往往会缺乏理性，如果再次盲目地投入，那么你就可能不但没翻身反而陷入更糟的状况。

误区四：对炒黄金的风险认识不够。

有很多新手投资者都是抱着急于求成的心态来交易市场的，往往对风险没有足够的准备。刚开始可能侥幸正确做几单，然后就开始轻视黄金市场，其实这样做是最危险的。

2. 选择合适的黄金品种

我们所说的黄金，又被简称为"金"，作为一种贵金属，不同于一般商品，黄金从被人类发现开始就具备了货币、金融和商品属性，并且一直贯穿于人类社会发展的整个历史，只是其金融与商品属性在不同的历史阶段表现出不同的作用和影响力。金的柔软性很好，易锻造和延展，如果把 1 克黄金拉成一条长线，可以拉成 35 千米长，直

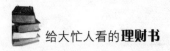

径为 0.0043 毫米。

黄金是人类很早以前就发现和利用的金属，因为它比较稀少，所以一直被赋予特殊和珍贵的特征，并且有"金属之王"之称，它本身也具备其他金属无法比拟的优势。也正因为黄金具有这样高贵的地位，被看成是财富和华贵的象征，用于金融储备、货币、首饰等。随着社会的逐渐发展，黄金的经济地位和商品应用也在发生着不同的变化。它的货币、金融储备职能在不断调整，商品职能也在相应地回归。随着高科技快速发展和现代工业的逐渐进步，黄金在这些领域的应用也在逐渐扩大。一直到目前为止，黄金在货币、金融储备、首饰等领域中的应用仍然占很重要的地位。所以如果你准备要炒金，选择黄金的品种是最关健的，合适自己的才是最好的。

想要进入炒金业中，一般来说要从中小投资做起。对中小投资者来说，投资实物黄金和纸黄金是首选，实物黄金包括金币、金饰和金条等。相对于其他品种来说，金币通常具有纪念意义，普通投资者很难把握其价值；金饰是黄金的工艺品，它的市场价格一般高于所含黄金量的价值，也不适宜投资；黄金实物投资较好的选择是金条，投资金条的优点是门槛低、操作方便、不需支付佣金和相关手续费，而且通性又强，兑现也不困难。特别是在负利率的情况下，个人持有实物黄金能起到资产保值的作用，另一方面也有很大的增值空间，一般来说投资金条还是很便捷的，通过银行购买金条就可以了。

（1）纸黄金

目前市场投资者选择最多的就是"纸黄金"。"纸黄金"的交易过程非常简单而且完全没有实金的介入，这属于一种由银行提供的服务。由于不涉及实金的交收，纸黄金门槛较低，只需 10 克就可进入。另外还可以避免交易中的成色鉴定、重量检测等烦琐手续，省略了黄金实物交割的操作过程。不过，值得留意的是，虽然它可以等同持有黄金，但是户口内的"黄金"一般是不可以换回实物的，如果有的投资者想要提取实物，那就只有补足足额资金，然后才能换取。"中华纸金"是采用3％保证金、双向式的交易品种，也是直接投资于黄金的工具中，最为稳健的一种。

（2）实物金

目前，黄金现货市场上实物黄金的主要形式是以金条和金块居多，金币、金质奖章和首饰等也有。金条分为高纯度的条金和低纯度的砂金，条金一般重400盎司。市场参与者主要有提炼商、黄金生产商、投资者、中央银行和其他等需求方，黄金交易商会在市场上买卖，经纪人则是从中搭桥赚取佣金和差价，银行主要就为其融资。黄金现货报盘价差一般为每盎司0.5－1美元，盎司为度量单位，1盎司相当于28.35克。

目前市场上金条种类繁多，在全球任何地区都可以很方便地买卖，大多数地区还不征收交易税，而且可以抵御通胀，还能够享受到黄金价格上涨的好处。但是它还是有一定缺陷的，一般来说投资实物金占用的资金量比较大，储藏实物黄金没有利息收入。在众多的黄金投资者中实物黄金适合面是属于最广泛的，90％以上的人都可以选择这种投资方式。一般投资者都没有足够的时间经常关注黄金价格的波动，没有精力也不太愿意追求短期价差利润。资金欠缺的投资者想投资黄金，可以直接以现金买点金条，作为保值。

（3）黄金期货

一般来说，在黄金市场黄金期货的销售者和购买者，都选择在合同快要到期的时候出售和购回与先前合同相同数量的合约，这也是所谓的平仓，是不需真正交割实金的。每笔交易所得利润或亏损都等于是两笔相反方向合约买卖的差额。这种买卖方式，就是平时人们所说的"炒金"。黄金期货合约交易一般只需要10％左右交易额的定金来作为投资成本，这就具有较大的杠杆性，用少量资金推动大面额的交易。所以，"定金交易"又是黄金期货买卖的另外一个称号。

（4）黄金保证金

保证金交易品种可分为 Au（T＋D）和 Au（T＋5）两种。

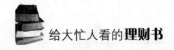

Au（T＋5）交易主要是指实行固定交收期的分期付款交易方式，一般交收期分为 5 个工作日（包括交易当日）。买卖双方必须要按照一定比例的保证金（约合总金额的 15％）来确立买卖合约，合约是不能转让的，只能重新开新仓。如果买卖双方有一方违约，那就必须要支付另一方合同总金额 7％的违约金，如果双方都违约了，则双方都必须支付 7％的违约金给黄金交易所。

Au（T＋D）交易主要就是指以保证金的方式而进行的一种现货延期交收业务，是一款期货和股票相结合的比较专业的黄金投资产品。买家和卖家双方以一定比例的保证（约合总金额的 10％）来确立买卖合约，Au（T＋5）交易方式必须实物交收，而 Au（T＋D）交易可以不必实物交收，买卖双方完全可以按照市场上的各种变化情况买入或者卖出以平掉持有的合约，在持仓期间将会发生每天合约总金额万分之二的递延费（其支付方向要根据当日交收申报的情况来确定，假如客户持有买入合约，而当日交收申报的情况是收货数量多于交货数量，那么客户就会得到递延费，反之则要支付）。

以上炒金的方法各有各的优点，对于你来说，要选择最适合自己的，这样才能让自己的利益得到较好的回报。

3. 三种炒金方式的不同战术

有关投资方面的介绍说，在最近几年，老百姓的投资热情越来越浓。目前，伴随着众多的不稳定因素的增加，楼市和股市风险加大，产生很大的分歧。所以，黄金就被看成是最具保值意义的东西而被众多投资者看好。

炒金战术很重要

最近几年，黄金市场越来越繁荣，北京一家企业白领胡女士也加入了炒金的热潮。2006 年，胡女士把她人生的第一次投资放在了愈来愈热的黄金投资上，当时形势一片大好，胡女士选择的投资方案是纸黄金。当时纸黄金的收益率一度超过30%。可万万没想到得是还没到两个月就风云突变,金价突然开始走下坡线,胡女士一时延迟了出仓时间,所以几千克的纸黄金就这样砸在了自己手里,这一下子让她损失十几万。看着自己辛苦挣来的血汗钱就这么没了,胡女士后悔不已。她痛定思痛,开始总结投资经验,选择适合自己的炒金方式。

投资黄金和投资股市是不一样的,在黄金市场上对各种信息、国际市场形势等的信息都必须要时刻关注。胡女士说,黄金市场基本上可以说是属于全球性的投资市场,做黄金投资时必须要紧跟国际形势的变化。胡女士投资失败了,可是另一位黄金投资者王先生却抱得"大奖"归。王先生与胡女士不同的是,他始终把眼光放在了实物黄金上。

王先生于2004年在众多的投资市场上选择了黄金市场。当时的金价一直在不断上涨,当时王先生是通过购买金币金条而进行投资的,但是他又很快地发现国内黄金市场往往存在一些买进却卖不出的现象,变现能力非常低。黄金市场上的实物黄金产品又多以首饰为主,投资者如果一旦将其变现,就会在折价旧金的过程中损失不少钱。据他了解,国外黄金交易除了实物黄金之外还有100多种衍生金融产品,而目前中国也就只有十几种黄金投资方式。他在2005年底购买了一些国外实物黄金。由于他在这方面比较关注,所以出现"牛"市的时候就赶快卖掉了,所以赚了不小的一笔。他说:"投资黄金最重要的还是要选择适合自己的投资方式,面对炒金要有自己的战术。"他还提醒广大的黄金爱好者,在投资金银币的时候,不仅要透彻了解国际黄金价格的走向,还要具有一定的艺术修养和历史知识。

三种方式帮你赚钱

(1)纸黄金交易:便利。

纸黄金就是个人记账式黄金,一般黄金投资者在购买黄金后获得它的所有权,这时所持有的不是黄金实物本身而只是一张物权凭证而已,黄金所有人提取或支配黄金实物就要凭这张凭证,这张黄金物权

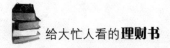

凭证又被称为"纸黄金"。一般黄金交易的投资者，是不会发生实物黄金的提取和交割的，他们往往会根据国际黄金市场的波动情况而进行报价，通过把握市场的走势低买高卖，赚取差价。

目前在黄金市场上采用的纸黄金投资门槛比较低，在买卖手续费上可以节省实金交易必不可少的储存费、保管费、鉴定费、保险费及运输费等一些费用的支出，这样就大大地降低了黄金价格中的其他额外费用。如果投资者没有太多的时间关注金价波动情况，那就可以做中短线交易的品种，这种品种适合一般的投资者。

现在国内提供的纸黄金交易服务平台是很简单的。在各个城市的中国工商银行、中国建设银设、中国银行等一般都有纸黄金业务，这些都属于国内实力较强的商业银行，有一定的信誉保障。一般投资者只需要带着身份证和足够购买不低于 10 克黄金的钱，就可以到银行开设纸黄金买卖专用账户。在开通了个人专用账户后，投资者就可以按照银行发送的"纸黄金投资指南"来进行自我操作了，可以随时随地地通过电话查询当日的黄金价格，而且还可以直接进行交易，整个过程是非常简单快捷的。

（2）实物黄金交易：灵活。

所谓的实物黄金就是现货黄金，也就是黄金实实在在地被握在投资者手里。实物黄金一般包括金块、金条、金币和金饰品等。个人实物黄金交易说的是投资者通过相关银行推出的实物黄金交易平台所进行的黄金交易，它与纸黄金不同的是完全可以进行实物黄金的提取和交割。

在实物黄金投资交易中，金条和金块是黄金投资中最普通的投资品种。个人实物黄金在交易时采取的交易是集中竞价、撮合成交的交易方式，实行"T＋0"交易制度，即投资者当天买入的黄金实物当天就可以卖出。在双方买卖成交后，买方可以根据黄金市场的变化情况，通过卖出来平仓掉其所持有的实物黄金。这时如果买方要求提取实物黄金，就必须在申报成功确定后的日期内进行交割。

实物黄金除了上述的金块、金条外还有纪念金币和金饰品等。纯金币是其中一种，它本身就带有面值，而且纯金币的大小和重量并不是统一的，投资者选择的余地会比较大，纯金币的变现性也非常好，但是纯金币也是有缺陷的，它的保管难度会比金条和金块大。

投资者的重点投资对象是纪念金币，不仅是因为其本身为具有相应纪念意义的铸金货币，更重要的是其价格是由铸造年代、稀有程度、工艺造型以及金币品相所决定的，所以这就要求投资纪念金币的投资者要有较好的专业知识，此外，投资者的艺术欣赏水准及钱币鉴赏能力也是很重要的，而且纪念金币的价格波动风险比较大。

随着时代的不断进步，金饰品已经越来越普遍，逢年过节有些朋友经常会选择金饰品作为礼物赠送他人或者用来装饰自己。金饰品本身的实用价值就大于投资价值，其美学价值也是比较高的。投资者用来投资，也是一种收益的投资行为，它适合长期投资，不过也有不少人拿它作为一种保值的措施。

如果实物黄金以保值为主要目的，那就需要大量的资金，因为它变现慢，变现手续繁杂，手续费相应也比较高。它适合做长线投资、收藏和馈赠需求的投资者，当然也可以做短期操作，但是，也许它并不能获得投资者期望的收益率。

（3）期货黄金交易：冒险。

黄金期货交易指的是在买家和卖家的黄金交易业务中，需要按照黄金交易的总额支付一定比例的价款，用来作为黄金实物交收时的履约保证。这是一种保证金的交易，是一种以小博大的高杠杆交易，被很多的投资者看重，纷纷加入。这样就放大了本来就存在的价格波动的风险，以至于较小价格的变化也导致了较大的风险，如果遇到市场状况恶化，也许投资者可能因为无力支付巨额保证金而导致投资亏损。它可以固定交割期限，实行"T＋0"交易方式、保证金和多空双向对冲交易制度。黄金期货风险比较大，期货黄金是一种高风险、高收益的投资工具，投机性强，适合激进型的专业投资者。

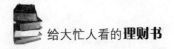
4. 灵活应对炒金手续费用

最近几年，随着股市不断高位震荡，让许多股民们对股票已经是失望，也对股市上的风险有了很深的认识，所以他们逐渐把眼光投向了逐渐红火的黄金市场。

黄金市场是最近几年最"牛"的市场，投资者都希望借助不断提升的黄金价格战胜 CPI 的涨幅。有了广大的投资者，各个银行也开始了这方面的关注。为了服务更多的投资者，他们设立了很多这方面的业务。业务在不断地增多，速度在明显地增快，服务水平也是逐渐地优秀。各个银行都在扩展自己的业务，所以竞争也开始激烈起来。

不过，对于个人投资者来说，面对表面上相同的各家银行的黄金产品业务，在投资时一定要货比三家，最好比较一下各家银行的当时报价以及手续费。

各个银行炒金手续费不同

48 岁的刘女士是个十足的"黄金迷"，她爱上炒黄金是在 3 年前。下岗后就在别人的介绍下选择了炒黄金。刚开始对市场不了解，所以不敢轻易地投资。后来在别人的帮助下，她很容易地就赚了几万块，刘女士以为黄金市场是个赚钱的好地方，所以在以后的交易过程中，就不怎么用心了，甚至懒得去各个市场和银行比较了，导致她钱越赚越少。最后刘女士归结原因，并不是黄金掉价而是自己在手续费上没少浪费钱。所以，炒金选择好的银行，妥善整理手续费是很重要的。

（1）中国银行

在目前市场上，中国银行在投资纸黄金手续费方面采取了阶梯式的形式，如果单笔交易量在 200 克以下，单边价就会相差 0.5 元/克；如果单笔交易量在 200—2000 克，单边价则会差 0.45 元/克；若单笔交易量在 2000 克以上，那么单边价就会差 0.4 元/克。如果我们以交易 150 克为例，基准报价是 100 元/克，那么投资者的购入价是 10050 元/克，出售价是 9950 元/克。

（2）中国工商银行

市场上纸黄金的交易是需要手续费的，作为投资者对此都非常明了。纸黄金与传统的按交易金额的百分之几收取手续费是不同的，纸黄金的手续费普遍都是按照黄金数量来收取的，工行的黄金交易手续费加起来是每克 0.8 元，如果结合目前金价在每克 190 元人民币左右的价格，那么目前折算起来，纸黄金的手续费应该是 0.42%，这就要远远低于股票、基金的手续费，并且这一比率会随着金价的上涨而下降。比如你用 190 元出售 10 克纸黄金，那么你的手续费就是 8 元，费率相当于 0.42%；而在 200 元时出售，你的手续费还只是 8 元，费率下降到 0.4%，这也就明确地说明了，金价越高费率就将越低，盈利越多费率也越低的道理。

（3）中国建设银行

目前为止中国建设银行还是运用以报价为准的交易方式，报价是多少，购入价也就是多少。在此过程中银行是不会收取任何手续费的，黄金投资者只要按照一定方式，低买高卖就可以盈利了。如果有黄金投资者以 130 元/克的价格购入 100 克黄金，然后按照 135 元/克的价格出售，那么这位投资者就可以赚取 500 元，但关键是如何抓住低买高卖的时机。对于一个投资者来说，抓住好的交易时机绝对是最重要的。

谨慎对待手续费用

在最近几年，随着金价的不断上涨，国际市场上黄金价格也在不断攀升，曾一度突破 570 美元 1 盎司，金价的不断上涨给个人投资者带来了很多获利的机会。但在手续费方面，也是一个不小的问题，还需要你灵活应对。只要找到了应对的方法，就可以省下一笔不小的费用。比如，中国银行是全国第一家开办个人黄金买卖业务的银行，它本身有很多的优势，而且也一直在不断地为个人投资者提供个人黄金

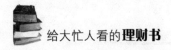

买卖的"纸黄金"交易。只要客户在本银行开立一个活期存折，就可以通过账户来进行黄金交易了，这是不需要进行黄金实物交割的。它的交易价格也是按照银行报出的买价和卖价而进行的，客户不需要再交纳额外的手续费。

5. 纸黄金投资不宜短线操作

炒黄金一般是指投资者通过买卖黄金或者纸黄金等方式来帮助自己产生利益的行为。纸黄金投资最重要的是什么？即时行情、技术分析、投资管理，只有这样，才能百战百胜，获得可观的收益。一般黄金市场上采用最多的就是纸黄金交易方式，因为它可以节省实金交易必不可少的保管费、储存费、保险费、鉴定费及运检费等费用的支出，降低黄金价格中的额外费用，提高金商在市场上的竞争力。而且纸黄金交易可以加快黄金的流通，提高黄金市场交易的速度。很多炒金朋友都比较喜欢做短线。其实，做短线难度极大，风险也很大，因为一般短期的金价波动是人无法预测的。

投资纸黄金学问多

一般不同的市场和不同的平台定价也有一定的差异，黄金投资在操作上还有很大的学问。把握这些差异，能够使投资者更好地短线操作，并有可能获得一些套利的机会。

短线操作要求还是较高的，这不仅需要投资者判断准确还需要胆大心细，能够根据情况的变化，快、准、狠地进出。一般要时刻跟着市场的趋势走，千万不能有过多的主观情绪。短线操作时，一定要抓住龙头品种，快速出击，并在获得利益后立即抽回，绝对不要贪恋。

面对日趋火爆的黄金投资热潮，炒金专家认为，不管是投资炒纸黄金还是实物黄金，投资者都不宜"短线操作"，因为短线操作的机会源于国际金价与国内金价的差异。我国对黄金进出口仍有一定的管制，这导致国内黄金市场的定价与国际黄金市场的定价在理论上存在差异。所以最好以长线投资为主，持有时间最好不要少于 3 个月。相比于纸黄金和黄金期货，以金条为主要形式的实物黄金，更适合长期持有。

短线不如中线

炒黄金目前是处于发展阶段，相比较而言应该更具有发展潜力。现在有更多的都市人边炒股边把黄金作为后备投资项目，列入视线。

炒金者都会为选择做短线投资还是中线投资而发愁。因为选择一个好的投资方式将是使自己获得利益的关键。据有关专家分析，一般来说纸黄金这个投资品种应该适合做中线，一般中线行情 1－3 个月就有一次，那么可以在相对低点买进，在相对高点卖出，获取一个中线的收益。对于那些比较激进的投资者，也可以考虑做一些短线，对于那些稳健的投资者可以考虑做长线。其实这个主要还是看个人习惯，例如，如果投资者有充足的时间观察市场行情，那么可以考虑大部分资金做短线，这样也有个投资乐趣；如果时间不是很充裕，那么最好还是做中线，在相对较低的位置买进，或是在跌势展开一段时间后逐步买进，在涨势启动一段时间后逐步卖出；如果你时间很少，那么考虑做长线，在每年的淡季时候，也就是 5－9 月之间关注行情，在相对较低的位置逐步买进，然后在旺季快要结束的时候，一般是 10－12 月卖出，或是在高位逐步减仓，或是长线持有，保留 5－10 年。所以最好的方式还是应该选择中线操作或者长线操作，尽量避免短线操作。总的来说还是要根据投资者个人的具体情况和投资习惯来决定，不要因此而影响到正常的生活和工作才是最重要的。

6. 巧投黄金首饰也能赚到钱

黄金饰品一般情况下是有广义和狭义两种定义的，广义的金饰品一般是指只要含有黄金成分，不论黄金成色多少的装饰品。如奖牌、金杯等纪念品都可以被列入金饰品的范畴。狭义的金饰品主要指含有不低于黄金成色 58 瓣勺黄金材料制作而成的装饰物。

随着炒金热潮的不断上涨，有很多投资者在炒黄金时把眼光放在了黄金首饰上。但是直到目前，我国国内黄金投资渠道还是不够完善。相比之下还是比较狭窄的，可以方便投资的品种非常少，这时就有不少投资者把购买黄金首饰作为投资黄金的首选方式了，黄金饰品是生活中最普通能看到和能接触到的东西。而且黄金饰品具有很好的美学价值，一般黄金饰品本身所具有的价值就非常高。从金块到一件完美的黄金首饰，珠宝商要进行精细地加工，最终做成成品的费用就会特别高，这时再选择卖出，价值就更高了。但是投资者一定要小心保管自己的黄金首饰，因为黄金本身较软，不小心的情况下就会对其造成一定的扭坏，这时你就会有或多或少的亏损。

黄金首饰收藏

我们所接触的黄金首饰价值不一，有高档、中档和低档之分。我们所说的高档首饰主要是用高"K"黄金、高"K"白金、足金而制成的。市场上的黄金首饰一般除了足金首饰外，其他的上面都镶嵌有红宝石、琥珀石、祖母绿、蓝宝石、猫眼石以及质地优良的珍珠、钻石等。更多的人都是把高档黄金首饰当作重要的收藏物品。不仅因为本身价值高而且它还是不蛀、不锈的永恒财宝。中档首饰主要就是用"K"黄金制作的，上面也会镶嵌一些宝石、半宝石，如孔雀石、翡翠、松石、蓝宝石、红宝石、珍珠等。低档首饰也就是我们见到的比较普通的金首饰了。在我们中国历来就是比较注重黄金首饰保值增值，一枚戒指要代代相传。但是到目前，受时代的影响更多的人买首饰主要就是为了装饰自己或者用来收藏。除了金项链、金戒指、金耳环这些黄金首饰外，还有一些所谓的纪念性金条与金币，如"熊猫金币""奥运金条"等，这类实物黄金未来的升值空间很大，也都有很好的收藏价值。

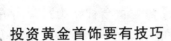

投资黄金首饰要有技巧

不少市民或者炒金者都在为"黄金首饰可以用来炒吗?"这个问题而苦恼,从投资理财的角度看,金饰品的实用价值应大于投资价值。但是严格来讲,由于近年金价频频攀升,炒黄金享有保值期长、免税等优势,现在已经有很多有意投资理财的市民在投资黄金首饰了。其实,最主要的是你要有技巧,投资黄金首饰还是比较保险的增值手段。

王先生是珠宝公司的工作人员,他建议,黄金首饰及商场销售的"贺岁金条",都是可以用来投资炒作的。因为这些黄金饰品本身含有很高的价值,其上面的钻石也都是属于高价值的珠宝,所以黄金首饰要比黄金本身更具有价值。黄金首饰并不等同于黄金,黄金首饰中包含了黄金、工艺、人力成本等多个方面,它要比金价本身的价值高出许多。一般如果黄金价值上涨时,黄金首饰金价当然会立即跟着上涨;而当黄金价值下跌时,黄金首饰因为本身含有其他的价值,所以是不会轻易下跌的,所以把黄金首饰做投资对象还是有一定依据的。

投资黄金首饰适合哪类人群呢? 如果日常工作忙碌,没有足够时间经常关注世界黄金的价格波动,而且又有充足的闲置资金,最好不要选择投资黄金首饰。应该在购买黄金金条后,将金条存入银行保险箱中,做长期投资。

7. 如何鉴别黄金真伪

黄金是一种贵金属,而且黄金的历史源远流长,灿烂辉煌。20世纪80年代后,随着社会经济的发展和人们生活水平的不断提高以及人们文化素质的不断更新,黄金被做成各式各样的首饰越来越广泛地走进平常百姓的日常生活中。有一句对黄金的评价说:"黄金是稀有的金属;黄金是财富的象征;黄金永远不会贬值;黄金是权利的象

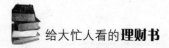

征。"由此看来大家对黄金都有很好的印象，黄金被认为是最富有价值的东西。随着多数人对它的渴望值的增加，不少商家就利用别人不懂黄金真伪而蒙骗顾客。如何进行黄金真伪的鉴别，实在是一个很重要的问题。

不识黄金，钱财受损

总是听说这样一句话："穿金显富贵，戴玉保平安。"所以生活中越来越多的人热衷于用黄金来装饰自己，来给自己的生活扮靓。可是大多数人却不知道怎样识别黄金，只是盲目地听店员或者亲朋好友的介绍。

刘女士去本市的一家金店买了一条千足金项链，刚开始的几天真的是让不少人羡慕。可是戴了差不多一个月发现褪色了，别人告诉她说买的是假货。刘女士很生气地回到金店找店员时，他们却不承认这是他们的货。刘女士真是后悔当初怎么没好好学学怎么鉴别黄金真伪。

其实黄金的真伪还是比较好辨别的。在日常生活中，有一些简单易行的鉴定黄金饰品真伪的具体方法大致分为：听声音、看颜色、看硬度、用火烧、看标记等这几种。但这毕竟是些生活上的小技巧，所以一般如果有这方面的需要，应该去正规的金店，切不可为贪小便宜而吃大亏。

① 听声音：一般真的黄金纯度都在99％以上。所以真金从高处自然坠落在硬的地板上，如果发出"叭嗒"的声音，而且有声无韵无弹力，那这就是纯度较高的黄金了。如果声音脆而无沉闷感，一般发出"当当"响声，音沉韵长弹力大，这就说明其纯度不高，首饰中含其他金属成分也就相应较多。

② 看颜色：黄金具有耀眼的赤黄色，一般纯度越高，色泽越深。黄金的光泽和颜色是经久不衰的，纯度越低，颜色越差，即人们常说的"七青、八黄、九赤"，从颜色上即可辨别。

③ 看硬度：黄金硬度低、比较柔软，用指甲就能划出浅痕，牙咬也能留下牙印。其他仿金没有这个特点，而且黄金的纯度越高就越软。纯度高的黄金饰品比纯度低的柔软，含铜越多越硬，折弯法也能试验硬度，纯金柔软，容易折弯，纯度越低，越不易折弯。

④ 用火烧："真金不怕火炼"我想大家都知道这句话，所以好的黄金不怕火来烧，把黄金或者含金的饰品经高温火烧冷却后，如表面仍呈原来黄金色泽则是纯金；如果变成黑色，就不是真金或是有其他金属掺入。

⑤ 看标记：一般的国产黄金饰品都是按国际标准提纯配制成的，并会在黄金上打上戳记，如"24K"标明"足赤"或"足金"；"18K"金，表明"18K"字样，纯度低于"10K"者，按规定就不能打"K"金印号了。目前社会上不少不法分子常用制造假牌号、仿制戳记，用稀金、亚金甚至黄铜冒充真金，因而鉴别黄金饰品要根据样品进行综合判定来确定真假和纯度高低。

三种方法让你放心买黄金饰品

最近市场上金银饰品越来越流行，人们纷纷把他们戴在身上，作为富贵和时尚的象征。当然在购买金戒指、金项链、金手链、金耳环等这些贵重饰品时，一般人就会找银行专家来帮忙鉴别金饰品的真伪。那银行专家又是怎么鉴别的呢？

（1）电脑验金

首先把黄金饰品洗干净、烘干，保持黄金的清洁度。在精密天平秤上，称出金饰品的重量，然后再称出在水中漂浮时的重量。把这两个数据一同输入电脑相比较，就会显示出黄金首饰的重量、纯度等。这种方法精确率高达99.9％以上，并丝毫不会磨损金饰品。

（2）试金石法

在鉴别黄金时首先选择一颗质地细腻的黑色试金石，然后再选择含金量不等的标准试金片在试金石上划上痕迹。这时再将你所要鉴定

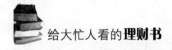

的金饰品在同一试金石上划痕，最后滴上浓硝酸去掉杂质，再在试金石上的痕迹与所划的试金片痕迹中，找出与饰品样品一样的色度，对照样品金的标准度，即为所要测定金饰样品的准确含金量。

（3）化学法

又称试剂点试法。我们都知道黄金是不溶于单独的硫酸、硝酸和盐酸之中的，而铜和银等成分都会与硝酸起化学反应后被溶解。将硝酸点在要鉴别的金饰品的某一部位，如果这时金饰品没有变色，那就是黄金了。如果鉴别的金饰品会生成氧化银而变黑，那就是银制品；如果生成二价铜盐而冒绿色泡沫，那就说明这个金饰品里含有大量的铜。如果金饰品含金量在 95％以上时，用硝酸点试，表面变化一般是很小的，基本上看不出有什么变化。

第八章
不可错过的投资品种——期货

期货投资是一种以小博大的艺术，可以进行数十倍于本金的投资操作，财富可以迅速放大或消失，极富挑战性和刺激性。

有人说，投资期货的人是在买棉花，买大豆，这样说对吗？说对，因为他们的交易确实与棉花和大豆有关；说不对，是因为他们交易的方式和对象与粮油批发市场上的棉花、大豆买卖完全不同。更准确地说，他们是在买卖棉花标准合约和大豆标准合约。这就是期货，一个你不可错过的投资品种。

1. 如何投资期货

期货在英文中的单词为 Futures，是"期货合约"的简称，主要指由期货交易所统一制定的，规定在未来的某个特定时间和地点交割一定数量标的物的投资工具。期货交易的最终目的并不是所谓的商品所有权的转移，而是通过买入和卖出期货合约，来避免现货价格风险的行为。

在期货交易中，按照期货对应不同的标的物，期货交易的产品可以分为：商品期货、金融期货与期权期货。

商品期货的种类

（1）农产品期货

最早的期货交易产品就是农产品，农产品大概有 20 种。

① 粮食期货：主要有小麦、玉米、豆粕、大米、红豆、花生仁期货等。

② 经济期货：主要有咖啡、可可、原糖、橙汁、菜籽和棕榈油菜期货。

③ 林产品期货：主要有木材期货和天然橡胶期货。

④ 畜产品期货：主要有皮毛制品和肉类制品两大类期货。

（2）有色金属期货

当今，在国际期货市场交易的主要有铜、铝、铅、锌、锡、镍、钯、铂、金、银 10 种有色金属。其中金、铂、钯、银等由于价值高又叫贵金属期货。

（3）能源期货

1978 年能源期货开始作为一种新兴商品期货进行交易，交易非常

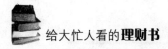

活跃，并且交易盘一直处于快速增长阶段，是国际期货市场的重要组成部分，仅次于农产品期货和利率期货。在能源期货中最主要的是原油，还有取暖用油、无铅普通汽油等能源期货。

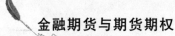

金融期货与期货期权

金融期货的标的物是期货合约中的金融工具，金融期货起源于 20 世纪 70 年代的美国期货市场，在近 20 多年中有了飞速的发展，在众多的金融市场中，它的交易量远远超过了基础金融产品的交易量，已成为国际金融市场的重要组成部分。

（1）金融期货的种类

① 利率期货。由于利率管制的放松和取消才有了利率期货。利率期货的标的物是债券类证券，利率期货可以回避由于银行利率波动所引起的证券价格变动的风险。在外汇期货方面利率期货运用广泛，同时利率期货的种类很多，按债务凭证分为欧洲美元定期存款期货、短期国库券期货和中长期国库券期货；按期限可分为长利率期货和短期利率期货。在美国的芝加哥商业交易所和芝加哥期货交易所是利率期货的集中地。

② 外汇期货。在交易中又称货币期货，其标的物是汇率的期货合约，为了避免汇率风险，也是出现最早的金融期货品种。美国和欧洲是外汇期货交易的主要市场，其主要产品有瑞士法郎、德国马克、日元、欧元、加拿大元、澳大利亚元、美元等。

③ 股票指数期货。股票指数期货的标的物是股票价格指数的金融期货合约，股票指数期货交易的实质是投资者通过指数期货把整个股票市场价格指数的预期风险转移到期货市场上。其风险是投资者通过对股市走势的不同判断进行的买卖操作来互相抵消的。它和股票期货交易都属于期货交易，但股票期货交易和股票指数期货交易是不同的期货交易，股票期货交易以现货股票为标的物，股票指数的一个主要特征就是通过现金结算，是以股票指数的变动为标准。股票指数期

货交易是通过买卖股票指数期货合约进行交易的，而不是现实的股票交易，同时股票指数期货合约的价值是通过指数的点数乘以事先规定的单位金额进行计算的，并且合约交易的限制条件也很少。

以标准普尔500种股票价格综合指数期货合约在美国芝加哥商业交易所的交易为例：以每一指数点代表500美元。如果市场5月份期货合约标准普尔指数为1000点，这样一份期指合约价500000美元。如以5％的保证金即25000美元，投资者就可以获得一份合约。当股票指数上涨到10％即100点，投资者就可以获得100×500＝50000美元的利润，投资回报率可高达200％。这就是股票指数期货交易，可以避免股票市场的价格风险，更好地实现资本保值的需求。

股票指数期货交易对中小股票投资者是一个很好的投资机会，它可以用较小的资金获取整体市场变化的回报，更不需要进行烦琐的个股选择。也是将原来买进之后等待股票价格上涨的单一模式投资方式转变为双向灵活投资模式的投资方式。

（2）期货期权

期货期权是指在将来某一个特定时间内用特定价格可以买入或卖出一定数量的某种期货合约的选择的权利。当期货价格发生有利于或不利于投资者投资变化时，期权持有人必须兑现或放弃选择权。在套期保值、套利和投机的时候可以用期货期权交易，因为投资者在期货市场上做投资交易或保值交易时，如果能很好地配合期货期权交易，可以降低投资者的市场风险，增加投资者盈利的机会。同时，对于中小期货投资者，可以通过买入期权交易为自己赢得一个在有限的风险中获取客观利润的机会。

按照期货期权交割时间可划分为：欧式期货期权和美式期货期权。期货期权合约和期货合约区分的三项特色要素是执行价格、合约到期日和权利金。内含价格和时间价值是期货期权价格的两个主要组成部分。履约平仓、放弃和对冲平仓是期货期权交易中的三种平仓方式。

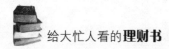

投资者在选择期货产品时，不能没有自己的主见，盲目听信于他人的建议，更不能有跟随心理，要根据自己的实际情况来选择对自己有益的，可以通过衡量自己对风险的承受能力和自己资金的多少，来选择适合自己的期货产品。如果投资者的资金不多，最好选择农产品期货；如果你的资金足够多，可以选择橡胶和铜等波动性大的品种；如果投资者对风险的承受力比较大，可以从事一些金融期货的产品。总之，适合自己的才是最好的，一定要根据自己的实际情况决定。

2. 如何利用期货进行套利

套利指的是在同一时间内买进和卖出两张不同种类的期货合约。在交易中，买进认为是"便宜的"合约。又同时卖出了那些"高价的"合约，从这两个合约的价格变动中获利。在进行套利时，交易者看重的是合约之间的相互价格关系，而不是绝对价格水平。套利通俗地说就是在同一时间内进行低买高卖的操作。

期货套利种类

（1）跨商品套利

所谓的跨商品套利，就是从两种相互关联但又是不同的商品之间的期货价差进行套利，这两种商品也具有相互替代性或受同一个供求因素的制约。商品套利的交易形式就是同时买进和卖出相同交割月份不同种类的商品期货合约。如，金属之间、农产品之间、金属和能源之间等都可以进行套利交易。但在跨商品套利时必须具备以下三个条件：

① 套利交易会受到同一个因素的制约；

② 通常情况下，卖出或买进的期货合约应该在同一个交割月份；

③ 交易的两种商品之间要有相互替代性和关联性。

在市场中，有时候有些商品已经具有套利的条件。如，在谷物中，如果玉米的价格太高，大豆可以成为它的替代品。这样，两者之间的价格变动就趋于一致。还有一种商品套利是原材料和制成品之间的跨商品套利。如，大豆和它的两种制成品之间的套利交易。

（2）跨期套利

跨期套利是利用期货进行套利交易中最普通的一种，是投机者利用同一种商品在同一个市场中不同交割月份正常价格差距出现异常变化时进行对冲而获利的。其实质是采用同一商品其期货合约的不同交割月份的差价的相对变动来获利。这种套利又细分为三种："熊"市套利、"牛"市套利和跌市套利。

如，假设注意到 3 月份的大豆和 6 月份的大豆差价会超出正常的交割、储存费，就可以抓住机会买入 3 月份的大豆合约而卖出 6 月份的大豆合约。随后，当 6 月份大豆合约与 3 月份大豆合约在接近或缩小了两个合约的差价时，就可以从差价的变动中获利。这与跨期套利和商品绝对价格是没有关系的，仅仅和不同交割期的差价变化趋势有关。

（3）跨市套利

跨市套利是同一期货商品合约在不同的交易所因为区域的地理差别，各商品合约间存在一定的价差进行的交易，即进行套利交易是在不同的交易所的行为。当一种商品在两个交易所的价格差超出了将商品从一个交易所的交割仓库运送到另一个交易所的交割仓库的费用时，就可以预计，它们的价格将会缩小并在将来的某一时刻体现在跨市场交割成本中。

如，2000 年 4 月 17 日在伦敦金属交易所以 1650 美元的价格买入 1000 吨 6 月合约，次日在上海期货交易所以 17500 人民币的价格卖出 1000 吨 7 月合约，此时 SCFc3－MCU3×8.28＝3838；到 5 月在伦敦金属交易所以 1785 美元的价格买入平仓，5 月 12 日在上海期货交易所以 18200 人民币的价格买入平仓，此时 SCFc3－MCU3×8.28＝3420，该过程历时 1 个月，盈亏如下：

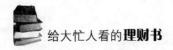

保证金利息费用：$5.7‰×1/12×1650×5‰×8.28+5‰×1/12×17500×5‰=3+4=7$

交易手续费：$(1650+1785)×1/16‰×8.28+(17500+18200)×6/10000=18+21=39$

费用合计：$7+39=46$

每吨盈亏：$(1785-1650)×8.28+(17500-18200)-46=401$

总盈亏：$401×1000=40.1$（万元）

通过上述案例，可以发现跨市套利的交易属性是一种风险相对较小，利润也相对较为有限的一种利用期货套利的行为。

套利风险小

由于同一商品的现货价格和期货价格经常会存在一定的差异，同一商品在不同交易所的交易价格变动的差异，同一商品在不同交割月份的合约价格之间也存在一定的差异，正是由于这些差异的存在才使利用期货套利的交易的出现有了可能性。

在利用期货套利的交易中，套利有时候会比单纯的长线交易提供更可靠的潜在收益，特别是当交易者对套利的季节性和周期性的趋势有深入的研究并加以有效地使用时，套利的利润会更大。

其实，有时期货套利的交易风险未必比单纯的长线交易要小，因为有时尽管有些季节性商品套利的内在风险没有某些单纯长线交易风险大，但套利有时会比长线交易风险更高。当两种商品和两个合约的价格反方向运动时，套利的两笔交易都会发生亏损，那么，套利交易就成了极为冒险的交易。因此，对整个利用期货套利的交易而言，套利交易仍是一种有风险、收益较高的投机。

套利交易的收益来自以下三种方式中的任何一种：

① 在合约持有期，空头的盈利高于多头的损失；

② 在合约持有期，多头的盈利高于空头的损失；

③ 两份合约都盈利。

套利交易的损失则来自刚好相反的方式：

① 在合约持有期，空头的盈利少于多头的损失；

② 在合约持有期，多头的盈利少于空头的损失；

③ 两份合约都亏损。

总之，期货套利之所以被广大投资者所青睐，主要是因为它的风险相对于其他投资方式较低，同时还对那些出现始料未及的损失或由于市场价格的波动而引起的损失起到了保护作用。另外，套利不仅可以增强市场的流动性，还可以帮助扭转市场价格呈正常价格。但是需要注意的是，投资者也应该根据具体情况具体分析，任何事情都是有两面性的，只有选择正确的投资方式，才能真正实现"钱生钱"，达到更高的境界。

3. 研判趋势，设好止损

在期货交易中，趋势存在短线或中长线。有时候短线会让你变得目光短浅，会给你一种不好的错觉，而使你看不清真正的方向，无法研判好趋势，在不该设立止损的时候设立了止损，最后损失惨重。

投资者要学会顺市而为

做期货或者股票的人都知道，要"顺市而为"。如果"逆市而为"就会很危险，可是在现实的操作中却又不知道怎么做才好，很难分清做多了是顺市还是做空了是顺市。

趋势是指期货或股票在未来最有可能运行的方向，是由市场之前表现显示出来的。可以通过量化指标对趋势进行研究，利用价格下跌或上涨的幅度趋势进行定义：如果价格反方向发生了5％的改变，就认为发生了小趋势的改变；如果价格反方向发生了25％的改变，就认为发生了大趋势的改变。

趋势交易是有好处的，"顺市而为"也不是没有道理的，可以从数学概率上看出来。

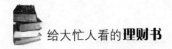

波段式顺市操作的盈面概率大于 75％；从技术分析的角度，抓顶底的概率小于 1％；用战略投资的角度来看，盈面的概率可达 95％。有时候投资者虽然遵循了均线交易系统中的规则，即短期均线上穿长期均线发生买入信号，但投资失败的概率还是很大，因为均线系统往往会先发出多次的假信号后，才发生正确的信号，尽管价格波动的范围和你入市点上下差不多，但连续的多次止损会让你损失不少的本金。

学会把损失降到最低

在期货交易中要做到看清自己的方向，对市场的变化要认真研究，还要敢于接受自己的损失，找到合适的方法。因此，投资者要根据不同的趋势，设立止损，才能让你的损失降到最低。

止损是在做了错误操作后的一种补救措施，是指投资者在投资出现的亏损达到预定数额后要及时斩仓出局，以避免造成更大的亏损，同时也是未来把投资者失误的损失限制在一定的范围之内，还可以最大限度地获取成功的报酬。通俗地说，止损是用较小代价博取较大利益的措施，帮投资者化险为夷。

如，某投资者以 4700 元/吨买入玉米合约，止损设置在 4600 元/吨，后来玉米的价格上涨到了 4900 元/吨，投资者根据图表分析后把止损调整到了 4800 元/吨。如果市场形势向这个方向发展，就可以继续提高止损盘价位，既保证了利润还可以多赚。

止损不仅仅是一种理念，同时止损也是一个计划，甚至可以说是一项操作。止损理念要求投资者必须从战略高度认识止损在期货交易中的重要意义，因为在处处都是风险的期货市场中，投资者要先生存下来，才能有进一步的发展。让投资者更好地生存下来是止损的关键作用。换句话来说，止损是期货交易中最为关键的理念之一。在一项重要的投资决策实施之前，必须相应地制订出怎样止损的计划，根据各种因素如资金状况或重要的技术等来决定具体的止损位。止损计划的实施，是期货交易中非常重要的一个步骤。如果自己的计划不能很好地化为实实在主的止损操作，就不能很好地起到止损的作用。进行期货交易时，投资者最重要的工作就是设好止损点，因为它直接关系到投资者的最低损失额度，同时也关系到投资者的总体最大损失额度。如果设置大了，就会使每单的损失很大；相反，设置小了，很容易被平仓出局，止损点的大小很难设置，所以投资者一定要把握好这个度。

设置止损的技巧如下：

① 以移动平均线作为止损点的方法，是非常有效的，同时它也是很容易掌握的方法，就是可以把 5 日移动平均线在高位向下穿 10 日移动平均线，形成死亡交叉时作为止损点。

② 把成本价位之下 3％设置为止损点，如果跌破后应止损出局，锁门期货交易趋势判断出错，出局后，要重新研判好趋势后再入场。有时也可以把止损点设置为 5％，但最大限度不应超过 10％，因为有时会因幅度太大而使止损起不到作用。

如，根据黄金价格历史波动特点，投资者就可以合理设置黄金期货的止损，对于中长线投资者要先对行情进行判断，再根据自己持有的资金量设计投入比例，对短线交易的投资者，如果进价波动幅度达到了历史平均值的 80％，就可以将手中资金投资获利了结。投资者如果是新手，可以将 30％左右的资金投入市场，保持心态的平稳静观其变，将盈亏设定为 3：1，如果损失达到预期盈利的 30％时止损出场。

③ 在单边上升行情中，把 SAR 指标给出卖出信号作为止损。SAR 指标对强势的止损和强势市场功能准确度很高。

④ 当期货在一个箱内运动时，如果箱底下端被打破，要马上止损出局，因为期货接下来就会进入下一个箱行间运动，如果在刚破时就卖出就会减少损失。

⑤ 当期货突破重要压力线，但现在没有站稳，就需要重新打破这条线作为止损点。

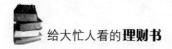
⑥ 期货在上升时会形成一条通道，当期货跌破上升通道下边缘的上升趋势线时，即作为止损点，因为上升趋势很可能要转变。

⑦ 当"K"线图上明显出现"M"头和头肩顶形态时，必须止损，因为它预示要跌市。

这是一些常用的止损设置，设置止损的技巧还有很多，这就要求投资者要在期货交易中慢慢体会，如果投资者能很好地研判趋势，并设好止损点，就可以避免巨额亏损，多赚一些也是有可能的。同时还要求投资者有一个好的心态，要敢于面对。

4. 在期货纠纷中如何维护自身权益

在当今的经济时代，会有越来越多的期货交易，在交易中，当事人之间发生各种各样的纠纷是难以避免的。当发生纠纷的时候，当事人要积极通过各种可能的方式和途径解决纠纷，维护自己的权益，尽量把自己的损失程度降到最低。

投资者要想更好地维护自己的权益，首先投资者要了解在期货交易中常见的期货纠纷，可以避免自己在做期货交易时出现同样的行为。

投资者在期货交易时遇到的常见的期货纠纷

① 投资者没有到正规的代理机构进行审查，而是去了非法机构开户进行期货交易。

这是一个很严重的问题，投资者在做期货交易时，一定要看准期货经纪公司是否合法，这样当自己的权益受到危害时，可以通过法律的手段更好地维护自己的权益。

② 投资者和期货经纪公司签订合同时，投资者没有认真审查，不知道自己享有的权利和义务，出现纠纷时，投资者会陷入被动的局面。

③ 期货经纪公司没有对交易结果进行及时的确认，等投资者发

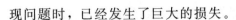

现问题时，已经发生了巨大的损失。

④ 期货经纪公司私自挪用或拖欠投资者的保证金，造成投资者保证金亏空，没有能力把全部的保证金退还给投资者。

⑤ 利用投资者的账户、交易编码等进行期货交易。

⑥ 期货经纪公司掩盖期货交易风险，用来吸引投资者，大幅度降低交易手续费，并片面夸大盈利预期。

⑦ 期货经纪公司为了赚取交易佣金，诱使投资者进行交易。

投资者在期货交易中，如果发生了纠纷，投资者要通过各种手段来维护自己的权益，使自己的损失降到最低，更好地进行期货交易。

解决期货纠纷的方式

首先，当事人可以直接通过纠纷双方协商，这种方法是最简便、最直接的维权方式。协商的前提必须是以双方平等自愿、不违反法律的强制性规定为原则，当事人可处分自己的权利。协商后达成的协议要具有合同的效力，对双方都要有约束力，但这种协议是没有直接的强制执行效力的，还需要由当事人自愿履行，如有违反，应承担违约的民事法律责任。

如，有一个期货公司多收了当事人的手续费，为了此事当事人去找过保证金监控中心、证监局，但他们都没有管理此事。这样让当事人浪费了大量的时间和精力。其实这是很简单的事情，因为这是属于公司和客户之间的小纠纷，还没有到必须通过法律解决的程度。当事人手持账单直接和期货公司的结算部交涉就可以了，他们会给当事人一个满意的答复。

其次，解决纠纷的另一种方式是通过纠纷双方之外的第三者进行调解。纠纷双方必须以自愿接受调解为前提，在调解过程中，任何一方可以随时退出调解。经调解达成的协议和双方自己协商达成的协议有同样的效果，同样没有直接的法律强制执行效力，需由当事人自愿执行。但协商和解调也有自身的优势，这两种纠纷解决方式程序简单灵活、成本低廉是最明显的特点，并且能够维护双方的合作关系，也

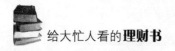

有利于商业秘密的保护。因为协议的内容是在纠纷双方都自愿的前提下订立的，在良好的信用机制下，常常能够得到自愿履行。

随着期货电子邮局的开通，大大减少了诉讼事件，因为期货电子邮局增加了市场透明度，一旦双方发生纠纷，就可以通过技术服务商服务器内的客户数据作为证据，维护了投资者的利益。这样当事人就可以不通过诉讼解决自己的问题，从而节省了大量的时间和精力。

再次，仲裁是一种准司法程序，是在双方自愿的前提下制定的仲裁协议，一旦达成有效的仲裁协议，则仲裁程序对当事人双方具有一定的强制力。一旦仲裁程序启动，就必须通过仲裁程序进行，并且仲裁机构做出的仲裁裁决具有最终的效力。仲裁机构不具有直接强制执行的能力，如果当事人不自愿履行裁决，对方当事人就可以向法院申请执行仲裁裁决，在法院的裁决上，具有直接的强制执行效力。另外，仲裁还具有专家裁决、一裁终局、不公开进行、纠纷解决成本低廉等特点。这些特点保证了这种方式具有较强的灵活性、专业性、快捷性和较高的权威性、效益性。

在我国，证券期货纠纷不用上法院解决，可以交给专家仲裁。这样就可以缓解法院司法审判的工作压力，还可以解决大量市场矛盾和风险，因为有的期货纠纷超出了第三方的职责权限，不在第三方的管辖之内。

最后，诉讼，用通俗的话来讲就是"打官司"。主要是指由国家专门设立的司法机关对当事人之间的纠纷进行审理，并做出具有终局效力和强制效力的判决的纠纷解决方式。在我国法律上，诉讼具有严格的程序性，最值得一提的就是，法院的判决文书在执行力上具有直接的强制执行效力，也是期货纠纷中最有力的手段。

如，某一期货公司在李女士进行期货交易期间，采用开、平仓双向收取保证金、私下对冲、吃点、透支交易等违规手段，致使李女士不断追加保证金，并扩大交易规模，最终损失由60万元逐渐达到了530万元。李女士通过诉讼，最终为自己挽回了380万元的损失。

投资者要懂得在期货纠纷中，找到适合维护自己权益的方式，还要按照法律的规定去约束自己的行为，不要触犯法律，如果违反了法律，是要受到法律制裁的。

5. 防范期货投资的风险

一个投资者的成功与否在于他准备得是否充分，准备充分的投资者盈利的机会大一点，因为只有机会远远超于风险的时候，你才能大规模地入市，才能空仓离场，才能赚到钱。

期货交易中的风险

投资者只有找到了风险的所在，才能更好地为避免风险的出现做准备，常见的风险有以下几种。

（1）经济委托风险

投资者在选择和期货经纪公司确立委托关系的过程中可能产生的风险。投资者在准备进入期货市场前必须要仔细考察、慎重抉择、挑选有实力、有信誉的公司。在选择期货经纪公司时，还要对期货经济公司的规模、经营状况和资信等进行对比，选择后要和公司签订《期货经纪委托合同》，来维护自己的权益。

（2）强行平仓风险

通过期货交易所和期货经纪公司分别进行的每日结算来进行的期货交易实行。当期货价格波动较大、保证金不能在规定时间内补足时，交易者就有可能面临强行平仓风险。公司每天都要根据交易提供的结算结果对交易者的盈亏状况进行结算，有时当客户委托的经纪公司的持仓总量超出一定限量时，也会造成经纪公司被强行平仓，进而影响客户强行平仓的情形。所以，客户在交易时，要时刻注意自己的资金状况，这样可以防止自己因为保证金不足而强行平仓，给自己带来严重损失。

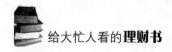

（3）交割风险

新入市的投资者要特别注意不要把手里的期货合约持到临近交割，以避免被"逼仓"。因为期货合约到期时，要把所有未平仓合约进行实物交割，不准备进行交割的投资者应在合约到期之前将持有的未平仓合约及时平仓，避免承担交割责任。

（4）流动性风险

由于市场流动性差，期货交易很难快速、及时、方便地成交所产生的风险。在客户建仓和平仓时这种风险更为突出。因此，客户要注意市场的容量，研究多空双方的主力构成，避免金融单方面强势主导的单边市。

（5）市场风险

市场价格的波动是客户在期货交易中的最大风险，因为杠杆原理，这个风险将会被放大，而价格波动会给客户带来交易损失的风险。

防范期货交易风险的准备

史密斯曾说："没有准备好就别上市"。所以投资者在投资期货之前，一定要做到未雨绸缪，这样就可以尽可能地防范期货投资的风险。作为期货市场的投资者，市场的风险是不可预知的，也是无法改变的，只有通过投资前的准备，才能让自己的损失降到最低。特别是作为一个投资新手，在进行期货交易前，一定要做好各方面的准备工作，有以下几个方面。

（1）要阅读和收集一些有关期货的法律法规和一些风险管理制度。因为在期货的交易中，投资者要严格遵守这样的法律和制度，如果没有做好这一点，一方面投资者可能会在期货交易中违反某些制度和法律，使自己由主动变为被动，也可能会发生终止投资的情况，甚至还可能会因为没有事先做好准备而触犯相关的法律制度，最后遭受法律的制裁；另一方面，当自己权益受到威胁时，无法通过这些法律和制度更好地维护自己的权益和利益，使自己的损失降到最低。

（2）要多阅读一些期货方面的书籍和多关注一下当时期货市场的形势，拥有相关的投资战略能力。根据自己的实际条件（资金、时间、身体），培养自己良好的心理素质，不断充实自己，逐渐形成自己独特的投资战略。一个成功的投资者的成功因素不仅仅在于他对技术或基本分析方法和自己管理、风险控制的研究，更重要的是具备好的心理素质。

如，在1987年为期4个月的"美国交易冠军杯"大赛中获胜的安德烈·布殊，他在投资策略中，有自己的一套投资管理方法，更有一个好的心理素质，才使他一下就获利了45倍。在他的投资中，账号的最大风险被控制在25％，通常在信号不明朗时，客户投资额的1/3获利平仓，次比利润就会保证另外1/3的投资，真正冒风险的只有1/3的投资额，就可以享有2/3的盈利潜力，才使自己立于不败之地，他没有因大鱼溜走而影响心情，始终保持自己平静的心境。

（3）投资期货的资金和规模必须要正当适度。君子爱财，取之有道。如果一个投资者的资金渠道有问题，就会影响到期货交易。不可把期货当成自己发财的方法，这是很不明智的。其次，期货交易的规模也要合理，如果失当，盲目下单、过量下单，就会让你面临超越自己财力和能力的巨大风险。

（4）关注期货信息，分析期货市场形势，要时刻注意到期货市场风险的每一个细节。在期货市场里，要学会培养自己的分析能力，从众多消息中筛选对自己有价值的消息。另外，要时刻关注市场的变化，提高自己反应的灵敏度，时刻认为市场永远是对的，自己去寻找方法，千万不要去埋怨市场。

华人首富李嘉诚的成功之处就在于做投资的时候总是有一套自己的方法，这也是他成为华人首富的根基所在，1998年由于香港金融风暴，以索罗斯为首的海外对冲基金，冲击了香港连续汇率和股市。恒生指数从16000多点跌到6000多点的时候，李嘉诚用自己的方

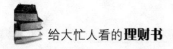

法——"相反理论"带头回购自己长江实业和黄等蓝筹股票，最后恒生指数由 6000 多点上升到了 10000 多点。当时，李嘉诚说："当在大街上到处都是鲜血的时候，就是你投资的最好时机。"这就是李嘉诚成功的秘诀。

期货风险是不可预料的，投资者在入市投资的时候，首先要从自己熟悉的产品上做出基础工作，还要加上技术分析，能让期货交易做起来更为稳妥。要切记，在初期要做好"止损点"，当损失扩大时，还可以全身而退。

6. 期货交易成功的法宝

期货市场是考验并磨炼一个人意志的场所，它的真正价值和魅力不仅仅在于投资获利，还在于给了你一个求知探索的天地，可以说它是一个浓缩的人生。

期货交易其实不仅仅是买进和卖出这么简单，它更是一种智力游戏，需要投资者的智力水平和情商，更要有好的心理素质。期货交易要做成功，就会带有很明显的个性特征。就如托尔斯泰有一句话讲得好：幸福的家庭是一样的，不幸的家庭各不相同。在期货交易中，成功者的交易原则是一样的，但是失败者交易失败的原因却各不相同。

要学会先发现机会

成功的交易在于你能够发现正确的机会，这就意味着你可能会获利，相反，一个错误的机会必将导致你的亏损。所以，投资者在交易中获得正确的交易机会主要考虑以下几个方面。

（1）时效性

市场价格具有很强的波动性，这就要求交易机会要有很强的时效性。任何一笔交易的盈利或亏损都具有一定的有效时间，如果超出了这个时间，盈利或亏损都会发生逆转的现象。由于交割限制制度和保

证金制度，投资者根本无法长期持有头寸，常常会被迫亏损出场在还没有等到盈利时期到来之前。这就更要求投资者把握好自己的机会尺度。如，是做多大规模的交易、多大级别的交易。对于长线交易机会，周期肯定长，反之，则短。投资者要学会通过对时间的分析确定自己的交易机会，并判断自己机会的大小和取舍愿望。

（2）适应自己的机会标准

在任何时间，市场都不会给投资者一个肯定而明确的机会标准，这就要求投资者自己要知道一个适应自己的"机会"标准。如，什么价位做交易？什么时间进场或出场？资金投入多少？做对或做错了怎么办？目标利润或承受的损失是多少？市场是不会主动给你一个机会标准的，特别是在市场价格变化中，投资者只有通过自己的承受能力来确定自己的机会标准。通过严格执行自己制定的机会标准，可以控制自己的亏损和交易利润。在你进场以后，你就要用自己的机会标准来判断自己是该出场或持有？如果触及你的止损点就要马上出场，因为市场运行方向和你的判断标准已经不相符合了，相反，就可以一直持有，直到判断标准给你发出离场信号。

（3）相对性

在交易中最常见的一种现象是投资者亏损持仓一直持有，而当获利持仓时却跑得非常快。这并非意味着投资者不理智，而是投资者自己也无法确定自己交易机会的选择程度，原因是没有一个明确的交易机会判断标准。期货市场的交易不同于任何市场，机会在交易中转换得很快，甚至快得来不及反应。一笔交易在一分钟前可以亏损，但一分钟后就可能获利；还有一种可能，今天获利持仓，第二天就会亏损。期货交易市场和其他市场的一个本质区别就是机会的快速转换，这也是期货市场特有的特征。看清机会的这种快速转换性是正确理解交易机会的前提，交易机会有极强的相对性。

如何增加期货交易成功的几率

许多风险投资者喜爱期货交易的原因，是其具有高风险和高收益

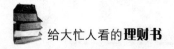

的特性，还能创造神话和奇迹。成功的交易不仅仅只是上面对机会的正确把握和判断，更重要的是有一个成功交易的法宝。

（1）一个细致的投资计划

在每次进行交易之前，要有包括建仓的价位、每次操作的主基调，是短线、中线或长线，止损位和盈利的目标位等，都要经过认真地趋势研判，制订出一个严密详细的计划。有了计划，还要制订出严格的操作计划，如果不能严格执行计划，再好的计划也没有用。

（2）技巧加苦干

成功的交易不仅仅要有适合自己的技巧，更重要的还要有自己的努力。如果一个人有超凡的天斌，还有自己的技巧，但是没有苦干把潜力变为现实，永远也看不到他的成功。相反，如果一个人一直在埋头苦干，却没有自己的技巧，也仅仅只能是熟能生巧，而不会达到优秀。

如，马拉松赛跑，只要有足够的努力和真诚，每一个人都可以参加马拉松比赛，但只有一小部分人可以跑完马拉松。同样，任何一个人都可以学习演奏一种乐器，但有的人无论多么努力和投入，就是缺少自己的技巧和天分，也很难成为一个独奏者。

（3）严格的资金管理和风险控制

通过资金管理，可以控制好持仓的比例。因为在期货交易中实行的是保证金制度，也是杠杆的效应，所以持仓比例的控制更为重要。资金管理包括资金运用配比的所有方面，如，风险分散、风险限度、单一市场保护性停止（损益）、投资组合构成（如收益——风险比），以及持续一段时间的顺逆交易之后如何对待，保守型还是激进型。只对资金进行管理还不够，因为有些投资者缺乏对风险的控制，最后以亏损结束，被迫出场，所以还需对风险实行控制。

实行风险控制，可以通过以下三步法轻松完成：

① 在进行交易前要先决定自己的退出点；

② 多交易的风险不要超过自己资金的 $1\% - 2\%$，最多不要超

过 5％；

③ 多设置某一个数量如 10％－20％，如果你的初始资金损失到了这个数量，要先分析一下做错了什么，然后等到你充满信心了，有了可能获利的想法时，再重新交易。对于有些大的投资者，可以在损失期间把交易规模急剧缩小，可以先做一些小的交易，比在交易间歇期完全撒手要好。

（4）一个好的心态

期货交易中，在一定程度上，期价的波动反映出交易双方的心理变化，期货交易是一种智力的战争，更是一种心理博弈。期货交易中成功者的心态都是平和的，心理素质也是很高的。只有心态平和才能更好地对待市场的浮躁，更能冷静地看到事情的本质。获利了，不要骄傲；亏损了，也不要气馁，要从中吸取教训。只有平静地对待一切，投资者的心态才能得到升华。

第九章
最安全的投资方式——债券

债券投资，用最安全的方式赢得最多的利润！

随着人们生活水平和理财意识的提高，债券投资已日益为人们所接受，这不仅因为债券的收益率通常比银行的存款收益率高，收益所得无须缴纳利息税，更重要的是债券的安全性较高，比较符合投资者"保本"的心理。

1. 什么样的人适合投资债券

债券投资有其特点，并不是每位投资者都适合。债券投资与其他投资相比，它的收益的稳定性要高些，但它的流动性相对较差。因此债券投资适合于家庭条件相对较差，无风险承受能力，对资金的流动性要求不高的稳健型、保守型的投资者。

想要投资债券，首先要了解什么是债券以及债券的特点。债券是政府、金融机构、工商企业等机构直接向社会借债筹措资金时，向投资者发行，并且承诺按规定利率支付利息并按约定条件偿还本金的债权债务凭证。债券具有四个特点：一是偿还性，发行人必须按承诺在规定期限内偿还本金并支付利息；二是流动性，债券一般可以在市场上自由转换；三是收益性，债券持有人可以得到利息收益，还可以利用债券价格的变动，买卖债券赚取差价；四是安全性，债券通常与企业绩效没有直接联系，有规定的固定利率，因此收益比较稳定，风险相对较小。债券的本质是具有法律效力的债的证明书。

小钱积大钱

如今越来越多的企业在货币紧缩政策的压力下，资金链出现了断裂的迹象，很多公司开始把融资目标从股市增发、银行贷款转到了发行公司债、企业债、短期融资券、可分离转债的层面上，持续加息，进一步提高了债券市场的利率，有利于降低债券型的持仓成本。如今越来越多的保守型投资和"月光族"选择投资债券，把小钱变成大钱。

（1）每周赚一角

周先生的母亲已经退休十余年，他的父亲和母亲一年差不多能攒

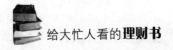

两万元，以前就是申购新股，虽然利润很高，但中签率非常低，达不到母亲设定的"年收益7.5％"的目标，于是周先生的母亲就选择了新的投资方式。

周先生的母亲选择的新的投资方式就是债券，她投资了债券以后，预定年收益可以达到7.5％以上，用他母亲的话说就是："每周赚一角"。

以2008年上汽债为例，具体计算如下：

债券年限为6年，也就是说总共313周，年利率为0.8％，扣税后为0.64％，到期金额为103.84元（面值100元＋0.64×6年）。预计年收益率为7.5％，6年是45％，103.84/145％＝71.60元。103.84－71.60＝32.24元，再除以313周，得到的结论就是：每周只赚1角钱。

而2008年上汽债上市后，有17个交易日在71.60元以下，按最低价69.96元计算，年收益率达到8.07％。周先生的母亲平均成本为70.10元，在一个半月后以接近75元卖出，收益率约为6.5％。周先生的母亲竟然在三天内陆续满仓，全线套牢。

一个月不到，周先生的母亲就又赚了3％，全家人非常高兴。

（2）不再当"月光族"

吴小姐是一个标准的"月光族"，每月的工资总是在不知不觉中花完，一点储蓄也没有，这让她非常苦恼。在朋友的介绍下，她选择了投资债券，刚开始看到涨幅度接近100％，慌乱之下买了一些债券，享受到了两天赚钱的快乐。但是接着自己购买的债券就全跌破了发行价，这让她深深体会到"任何投资都有风险"这句话。于是就开始好好研究什么是债券，以及它的投资风格和风险程度，当她了解到债券市场具有长期投资价值时便安心了。

选债券要选"长跑健将"而不是"短跑将军"。当她发现这个道理时，很多表现好的债券已是"高价货"了，她没有犹豫，马上调换了理想的债券，并把先前买的两只新债券中表现差的那只果断卖出，在经历了 11 个月的调整后，她依然有所收获。

后来她听说债券还可以定投，于是她请教了一位学财会的朋友，知道定投就像定期储蓄一样，以一定的周期投入固定的钱数，它可以不受市场的波动影响，上涨时挣钞票，下跌时多得份额，而它的收益也是滚雪球式的，也就是所说的"复利"，她估算了一下，如果她从 7 年前开始定投，即便每月只有 100 元，现在也已经是不小的一笔财富了。

吴小姐觉得人不要总是抱着"一夜暴富"的想法，就像 2005 年的 998 点是所有人都没有预想到的股市大底，又有谁能预料到从 2005 年的 6 月开始，两年内股市一路上涨飞奔到了 6124 点呢？因为那永远都不是他们这些投资者能把握的。机会往往也是在危险中产生的。高抛低吸只是一个美好的愿望而已，像他们这样的投资者只是资本海洋里的一滴水，能做到的只是不要错过每一次机会，而最终的胜利势必会属于那些将信念坚持到底的人。

现在吴小姐的生活变得很充实，也不再像以前一样乱花钱，每月都是"月光公主"了。

根据风险承受力选择投资方式

很多投资者不能接受风险，实际上，所有投资包括债券都含有风险。既然投资都有风险，那么我们在投资债券时就必须估计一下自己可以接受的风险程度。

首先，根据时间范围和年龄选择投资方式。时间范围可能与买房、孩子的教育费用或退休等事情结合起来。更长的时间范围可以支撑多一些风险。也就是说，如果发生错误的投资，有足够的时间来纠正错误；年龄问题有同样的原因。如果投资者目前手上只有有限的一部分金融资产，并接近退休年龄，那么它必须谨慎应付适当的风险。但是，如果是手里握有巨额净资产的投资者仍然可以进行一些风险较大的投资。

其次，就是投资的目的。一般用收入、增长、总收益和投机四种

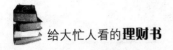

类别来选择哪种投资方式适合你的投资目标。尽管绝大多数个人债权投资者都在期待当期收益，但是，当收益率大幅下降推动股价上涨时，则总体回报变得更有吸引力。唯一的缺点是需要利用价格的上涨卖出债券。投资的目标一般有教育、置业、二次置业、退休收入和购买业务。投资者选择什么目标无关紧要，当目标一旦确定下来，成功的概率就会大大增加。

再次，对风险报酬的理解。尽管高回报的投资通常包含更高的投资风险，但高的风险投资并不一定有高的回报。关键词是风险，而不是回报。如果理解发生错误，就会导致投资的失败。投资新手为了回报，应该接受风险，但是也应该了解所包含的风险有多大。了解AAA级别与B级别的差异，避开无等级债券，然后在比较保守的情况下，逐步地接受更大的风险。

最后，接受损失的心理。接受损失的心理实质上是风险预测的核心，真正接受投资损失风险的能力影响了预测的本质。尽管许多初始投资者都尽量避免接受这种心理，但他们当前的投资可能面临同样的风险。一般情况下，风险经常无法被认识和理解，但它确实存在。投资的风险就像生命具有风险一样。逃避风险不是长久之计，更好的方法是尽自己最大的努力去理解和缓和无处不在的风险。

当投资者完成了风险偏好程度的评估后，就可以确认预测结果是否在合理区间内，并决定是否继续投资。根据自身风险偏好，实施投资组合策略，以优化投资收益与风险。如果风险偏好程度不够大，就比较适合相对保守的投资策略，债券就是比较好的选择之一。但是因为债券有很多种类，而不同种类的债券风险程度也是有差别的，所以还要根据自己预测出来的风险偏好程度选择不同的债券种类。

2. 投资者如何进行债券交易

债券交易方式分为回购交易、现货交易、期货交易和期权交易四种。在买卖债券时，必须填写债券买卖单，购买不同交易所挂牌交易的债券应用相对应的股东账户，所购债券的品种、代码、价格、手数、资金账号、股东（基金）账号等项目必须填写清楚，以免由于笔误而造成不必要的纠纷。另外债券买卖的单位是手数，最小单位为一手（1000元面值）。债券价格为每百元价格，在交易时要注意换算。

债券交易流程

债券交易有场内交易和场外交易两种。场内交易就是在证券交易所交易，场外交易是在证券交易所以外的证券公司柜台进行的债权交易。场内交易和场外交易的流程是不同的。

（1）场内债券交易

在证券交易所内部所有的交易，它的有关程序都是由证券交易所立法规定的，交易具体步骤明确而严格。投资者在场内交易时首先必须选择一家可靠的证券经纪公司。场内交易债券的程序有五个步骤：开户、委托、成交、清算和交割、过户。

① 开户。投资者在开户前需与证券公司签订开户合同。开户合同包括：委托人的真实姓名、住址、年龄、职业、身份证号码等；委托人与证券公司之间的权利和义务，并同时认可证券交易所相关规定和营业规则以及经纪商公会的规章，这些都是开户合同的有效组成部分；同时明确合同的有效期限以及如果要延长合同期限时所需的程序和条件。

签订开户合同后，就可以开立账户。一般证券交易公司允许开设的账户有现金账户和证券账户两种。现金账户只能用来买进债券并通过该账户支付买进债券的价款，证券账户只能用来交割债券。投资者一般要同时开立现金账户和证券账户，因为多数人既要进行债券的买进业务又要进行债券的卖出业务。

② 委托。投资者在证券公司开立账户以后，就要与证券公司办理证券交易委托关系，之后才能真正上市交易，这是一般投资者进入

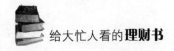

证券交易所的必经程序，也是债券交易的必经程序。投资者办理委托可以采取当面委托或电话委托两种方式。投资者必须出面向证券公司的办事机构发出委托，证券公司接到委托后，就会按照投资者的委托指令，填写"委托单"，将投资交易债券的种类、数量、价格、开户类型、交割方式等一一载明。投资者要把"委托单"及时送达证券公司在交易所中的负责人员，由驻场人员负责执行委托。

委托方式有：买进委托和卖出委托；当日委托和多日委托；整数委托和零数委托；随行就市委托和限价委托；停止损失委托和授权委托；停止损失限价委托、立即撤销委托。

③ 成交。证券公司驻场人员收到投资者的"委托单"后，会在交易所内迅速执行委托，促使该种债券成交。

④ 清算和交割。债券的清算是指同一证券公司在同一交割日对同一种债券的买和卖相互抵消，确定出应当交割的债券数量和应当交割的价款数额，然后按照"净额交收"原则办理债券和价款的交割。债券的交割是指将债券由卖方交给买方，将价款由买方交给卖方。证券交易所的清算机构会在当日闭市的时候，依据当日各证券商的买进和卖出某种债券的价格和数量，计算出各证券商应收应付价款相抵后的净额以及各种债券相抵后的净额，编制成当日的"清算交割表"，经过各证券商核对后，再编制该证券商当日的"交割清单"，并在规定的交割日办理交割手续。

⑤ 过户。各证券商在办理完交割手续后，最后的程序就是完成债券的过户。过户是指将债券的所有权从一个所有者名下转移到另一个所有者名下。

（2）场外债券交易

场外交易包括自营买卖和代理买卖两种。

① 自营买卖债券。场外自营买卖债券是指由投资者作为债券买卖的一方，由证券公司作为债券买卖的另一方，其交易价格由证券公司自己挂牌。

场外自营买卖的程序：买入、卖出者根据证券公司的挂牌价格，填写申请单。然后证券公司会按照买入、卖出者申请的券种和数量，根据挂牌价格开出成交单。证券公司按照成交单，向客户交付债券或现金，完成交易。

② 代理买卖债券。场外代理买卖是指投资者委托证券公司代其买卖债券，证券公司仅作为中介而不参与买卖业务，其交易价格由委托买卖双方分别挂牌，达成一致后进行交易。

场外代理买卖的程序：投资者即委托人填写委托书，将填好的委托书交给委托的证券公司。证券公司根据委托人的买入或卖出委托书上的基本要素，分别为买卖双方挂牌。债券成交后，债券公司填写具体的成交单。买卖双方接到成交单后，分别交出价款和债券。证券公司收回临时收据，扣收代理手续费，办理清算交割手续，交易过程就此完成。

四种交易方式的交易过程

（1）债券回购交易

回购交易分为正回购交易和逆回购交易两种。正回购交易就是自己和买方签订协议卖给对方债券，拿对方的资金去做其他收益更大的投资，只需按照商量好的利率支付给对方利息，在协议规定的时期以协议约定的价格将债券再买回来；逆回购交易就是自己和卖方签订协议买入对方的债券，卖方按商量好的利率支付给自己利息，自己在协议规定的时期内以协议约定的价格将债券再卖回给对方。一般来说，正回购交易是卖现货买期货，逆回购交易是买现货卖期货。

（2）债券现货交易

买入债券时可直接委托证券商，采用证券账户卡申报买进。买进债券后，证券商就会为您打印证券存折，以后即可凭证券存折卖出。如果买的是实物债券，需要提取时，证券商就会按有关债券实物代保管业务的规定办理提券手续。要记住的是，记账式债券不能提券。如

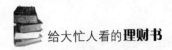

果要卖出实物债券，在卖出之前应事先将债券交给开户的债券结算公司或其在全国各地的代保管处进行集中托管，这一过程也可委托证券商代理，证券商在受到结算公司的记账通知书后再打印债券存折，就可委托该证券商代理卖出托管的债券。如要卖出记账式债券，可通过在发行期认购获得，再委托托管证券商卖出。

（3）债券期货交易

当估计手头的债券价格有下跌趋势，而又不太确定或不想马上将债权转让出去，但是又想将这个价格有可能下降的风险转让给别人；或者估计某种非持有的债券价格将要上涨，想买进，但又不太确定，既不想马上就将该债券买进，又确实想得到这个价格有可能上涨的收益时，可通过委托券商来和买卖对方进行撮合。双方通过在期货交易所的经纪人谈妥了成交条件后，先签订成交契约，按照契约规定的价格，约定在自己估计的降价或涨价时间之后再交割易主。

（4）债券期权交易

期权交易是一种选择权的交易。双方交易的是一种权利，也就是自己和对方按约定的价格，在约定的某一时间内或某一天，就是否购买或出售某种债券，而预先达成契约的一种交易。这种交易的具体操作是：投资者和交易对方通过经纪人签订一个期权买卖契约，规定期权买方在未来的一定时期内，有权按契约规定的价格、数量向期权卖方买进或卖出某种债券；期权买方向期权卖方支付一定的期权费，取得契约，这时期权的买方就获得了是否执行契约的权利，有权在规定的时间内根据市场行情来决定是否执行契约。若市场价格对其买入或卖出债券有利，他有权按契约规定向期权卖方买入或出售债券，期权卖方不得以任何理由拒绝交易，若市场价格对其买入或卖出债券不利，他可放弃交易任其作废，他的损失就是购买期权的费用，或者是把期权转让给别人，让第三者来承接风险。

3. 如何选择债券投资时机

所有上市流通的债券。它的价格都会受到多重因素的影响而反复波动。所以如何选择投资时机是每个投资者要面临的问题。机会选择得好，就能提高投资收益，赚到钱；选择得不好，就不会达到预期的投资效果，甚至可能赔钱。

努力分析价格走势

债券投资除了持有到期，在市场价格低于债券内在价值的时候逢低进入，也是有机会获得短期利差收入的。

（1）买新不买旧

65岁的汪老先生由于经常排队也买不到国债，就选择了另一种债券——可分离债券，纯债部分进行投资。基于"买新不买旧"的想法，他选择在可分离债券上市第一天就以72元多的价格买进了，两个月后他以76元多的价格卖出了一部分，短短1个半月，他就获得了5.5％的收益。而在这一期间，正是股市杀跌最凶猛的时候，其他不少股票股价已经是大跌暴跌的行情。

在股市大跌的情况下，可分离债券走势先上升后稳定，期间不少分离交易债券都获得了10％以上的涨幅。如汪老先生买的那股债券，在上市后也曾跌落至69元左右，在当时的情况下，买入到期收益率高达8.07％，超过同期限品种的市场平均收益率。其后，该债券一路上涨，如果投资者在该债券上市不久后买入，那么5个月之内的收益则可以达到10％。

国金证券分析师说："上市第一天不论什么价格都抛的行为，往往让可分离债券纯债部分价格被低估，这为期望在债券市场上获利的投资者带来一些潜在的机会。"在新的可分离债券上市期间，每个投资者所持的投资目的各不相同，例如偏向申购可分离债券的投资人，

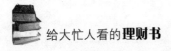

投资的主要目的在于可分离债券中的权证部分，他们偏向于在上市期间先抛出债券，然后择机卖出权证获利，这种做法会给债券市场形成较大的抛售压力。

（2）顺市而为

小李大学毕业后，怀揣着从父母那里拿来的几万元钱，踏入了债券市场。小李刚开始的操作方法就是先用少量的资金探路，虽然也亏了一些，但还是保住了大部分的本金。功夫不负有心人，小李在逐渐摸到债券市场的规律后，便用自己剩余的钱全仓杀入。小李后来想想自己满仓杀入还是挺后怕的，但在小李全仓杀入后，手中的债券开始疯涨，很短的时间里，小李的账面总额已经越 20 万。

在小李暗自窃喜的时候，手中的债券出现跌停，小李及时地在第二天卖出，但 20 万的账面只剩下了 5 万。这次的教训给小李上了一课，在以后的操作中小李几乎没有再满仓地杀入杀出。之后的半年时间里小李耐心等待，看准形势后再次以 2 万元出手，不到 5 个月的时间，账面现金由 2 万增加到 20 万！回顾自己投资债券的经历，小李感慨万千，并总结了自己的两个必杀技，一是要合理控制资金，不可满仓杀入杀出；再一个就是顺市而为，逆市而为只能被市场无情抛弃，应跟随市场运作，及时止损。

选择投资时机的原则

（1）在投资群体到来之前即入世初期投资。

精明的投资者都会在投资群体集中到某一债券之前抢先一步买入。在生活中人们都有一种从众心理，得到大多数人认可的事物往往比较受人认同。投资者也是如此，资金总是比较集中地进入债市，一旦有大量的资金进入市场，这一债券的价格就会被抬高。

（2）及早确认债券走势，顺市投资。

债券价格的涨跌是存在惯性的，不论涨跌都会持续一段时间，因此投资者要在债券市场行情即将启动时买进，在债券市场开始整盘将要跌的时候卖出债券。关键就是能及早确认市场趋势，等到市场走势很明显已经下跌时再做决定，就为时已晚了。

（3）耐心等待价格回升。

债券的价格也受到消费市场上物价因素的影响，此时如果物价上涨，货币购买力就会下降，很多人便会抛售债券，转而购买房地产或黄金首饰等保值物品，这样一来就会引起债券价格的下跌。当物价上涨后，债券下跌的趋势会慢慢停止。这个时候投资者如果能对市场前景有科学的预测或有确切的信息，就可以在人们折价抛售债券的时候买入，并耐心等待价格的回升，一旦债券价格恢复，那么投资收益是相当可观的。

（4）债券新发行或新上市时购买。

为了吸引投资者，往往新发行或新上市的债券年收益率要比已上市的债券高一些，由于债券市场的价格体系一般是比较稳定的，这个时候债券市场价格就会做一次调整。新上市或新发行的债券价格逐渐上升，而已上市的债券价格维持不动或下跌，利益逐渐上升来达到债券市场价格体系的平衡。但这个时候债券市场的价格会比调整前要高，所以投资者在债券新发行或新上市时购买，等到价格上升时再卖出，就会有所收益。

（5）在银行利率变动前买入。

债券市场的价格会受到银行利率的影响：当银行利率上升时，大量资金就会流向储蓄存款，债券价格就会下跌，银行利率下降时也是如此。因此投资者应努力分析和发现银行利率的变化，在银行即将调高或调低利率前买入债券，获得更大的收益。

债券市场的价格走势与宏观经济是紧密联系的。因此投资者为了获得较高的投资效益就应该密切关注投资环境中宏观经济政策的变化。

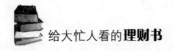

4. "熊"市之下的债券投资策略

所谓"熊"市，也称"空头市场"，指行情低迷、且延续较长时间的大跌市。无论"牛"市还是"熊"市，债券都是投资组合中的稳定因素。债券投资的收益或风险受两方面影响，一是利率，二是信用。短期收益率一般受市场即期利率、资金供求的影响较大，而长期收益率则要受未来经济的增长状况、通货膨胀因素、流动性溢价和未来资本回报率等不确定性因素的影响。在"熊"市时股市不断下跌的市况下，投资债券规避风险，可以获取更加稳定的收益，相比之下是更加稳妥的投资方式。

"熊"市定位决定保守风格

对于债券在"熊"市中的投资，保守的配置无疑能够起到很大的抗跌作用，因为在股指跌幅较大时，较高的债券仓位可以适度地弥补其他投资的损失。

（1）"熊"市中看好债券

统计数据显示，在 2008 年的 6 月之前，股票型基金、指数型基金、混合基金的平均业绩亏损均超过了 30％，而债券基金平均亏损只有 1.42％。到目前为止，收益率排名位于前十名的开放式基金均为债券型基金。因此，在股市不断下跌的市况下，更为稳妥的投资方式是投资债券基金，不仅可以规避风险，还可以获取稳定收益。

（2）纯债基金更加稳妥

在"熊"市中债券基金的投资策略，是投资收益稳定、风险较低的纯债基金比较稳妥。

根据资料表明，2008 年上半年，债券基金中收益最好的是国泰金龙债基，收益为 2.49％，另外普天债基、融通债基净值增长率均超过 2％。对于上半年取得的较好业绩，国泰金龙债券在其半年报中表示，

"2008 年上半年本基金对通货膨胀、货币政策和市场资金供求有较为清醒的认识，以较小风险取得了较好的收益。同时，积极参与新股和可分离转债的申购。在申购策略上，除严格按价值投资原则选择新股申购品种外，新股在上市后也应尽快卖出，锁定收益。"

"熊"市投资债券注意事项

在"熊"市下选择纯债投资是智者的选择，那么选择纯债时考虑的因素是什么呢？在选择买入或持有纯债时进行估价，比同期国债高一个点以上就可以考虑；在选择买入时机或持有仓位时也要进行估价，如果申购新股的收益预期高，那么选择申购新股更好，反之可以考虑选择纯债；企业债收益率越高越好；盘子越大流通性越好；企业越安全，信用评级也会随之越高。

我国债券市场暂时还没有远期、期货或期权等金融避险工具，但由于债券品种的创新，出现了某些类型的债券自身嵌含有期权。这些类型的债券在一定程度上具有了避险的功效，因此在"熊"市环境下债券投资者可以考虑它们。

（1）可转债

这是一种"进可攻、退可守"的投资工具，之所以这样说，是因为它嵌含了一个对基础股票的看涨期权。同时，它的设计条款中包含的回售条款和转股价修正条款，也是对投资人利益的一种保护。但在"熊"市下最好不要选择股性强的可转债，可耐心等待 110 以下的可转债出现。

（2）浮息债

因为缺乏规避利率风险的有效工具，所以浮息债是较好的投资品种，它实际上相当于嵌含了一个利率的看涨期权。目前浮息债券品种主要包括国债 0004 和 0010、浮息企业债 01 中移动和 99 三峡债以及银行间浮息金融债，可互换浮息债 03 国开 18 也具有类似的属性。

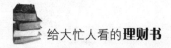

（3）可回售债

可回售债其实等于嵌含了对该债的看跌期权，因而它是债权市场低迷状态下较好的防御型投资品种。

另外，在"熊"市环境下，最好不要选择可分离的权证。因为权证与股票相比有放大杠杆作用，只有高度看好才可以考虑，看空者更是唯恐躲避不及。建议权证上市时涨停打开后的当天就立即处理掉。

5. 企业债券和国债哪个更划算

公司债券是公司依照相关的法定程序发行并约定在一定期限还本付息的一种有价证券。公司债券是公司债的表现形式，基于公司债券的发行，在债券的持有人和发行人之间形成了以还本付息为内容的债权债务法律关系。因此，公司债券是公司向债券持有人出具的债务凭证。国债即国家债券，是中央政府为筹集财政资金而发行的一种政府债券。

流动性、风险度比较

市场的流动性指的是市场的参与者能够迅速进行大量的金融交易，并不会导致资金资产价格发生显著波动。由于债券市场是处于分割状态，因此债券投资者不能在市场之间自由流动，债券也不能在各个市场之间自由流通。我国国债的买卖差价指标要比发达国家高出很多，国债的换手率也只在很小的范围内波动，因此国债的流通性不高。而企业债券流通市场的发育更为滞后，企业债的成交量和换手率都要比国债低。

国债是我国政府发行的，以国家信用作保证。自恢复发行以来，所发行的国债在约定的偿还日都能还本付息，没有违约风险。而企业债券是发行企业依赖本身的经营利润作为还本付息的保证，经营不善导致经营状况恶化，无力按约定还本付息，就会出现违约风险，投资者就面临着承受损失的风险。企业债券的违约风险与企业的经营状况有着直接的关系。所以，发债企业在发行债券前会接受严格的资格审查或要求发行企业有财产抵押，以保护投资者利益。另外，在一定限度内，证券市场上的风险与收益成正相关关系，高风险伴随着高收益。企业债券的风险通常也高于国债，但同时也具有较大风险。

国债面临的基本风险有利率风险、流动性风险、通货膨胀风险。而利率风险是对国债影响最大的风险，利率的变动对国债价格、国债票面利率、国债收益率、国债规模等都会产生影响。当市场利率上升时，国债的价格就会下降，从而投资者出售国债的收入减少，出售者实际收益下降；当市场利率下降时，国债价格会上升，从而投资者购买国债的支出增加，国债实际收益率下降。国债可以分为短期、中期和长期。期限越长，流动性越弱，不确定性因素产生的风险就越多，因而增加国债的流动性风险，在持有国债期间如遇通货膨胀、货币贬值，就会导致国债实际收益下降，通货膨胀风险暴露。企业债券的流动性与期限成反比，期限越长、流动性越差；企业债券流动性除受期限因素影响外，市场不通畅也会对其产生影响，流动性风险更大。通货膨胀因素也会给企业债券带来风险，降低企业债券的实际收益。而价格风险与利率风险是相对应的，不考虑其他因素，如果市场利率上升，投资者卖出企业债券的价格便会下降，这种情况带来的价格风险，还会进一步波及企业债券的收益率。

收益性比较

企业债券和国债的收益都可以分为三部分，它们分别是：由票面利率产生的利息、所获利息再投资的收益、由于债券价格变动所产生的收益。一般用债券收益率来衡量债券收益的高低，到期收益率同时考虑了债券未来的现金流和现金流的时间价值，是投资者所关心的债券收益率。企业债券的年收益率一般比同期国债收益率高，部分原因就是考虑了利息税。虽然现在发行的企业债券一般都有类似国有银行

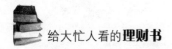

这样的权威金融机构做担保，但信誉等级毕竟不如国债，显然为了高出的一点点钱而选择企业债券并非很值。理论上，国债因为信用级别高、风险低，其收益要低于企业债券；实践中，我国投资者购买国债的收益，还包括来自购买国债利息免税的收益，国企债券税前名义收益率高于同期国债名义收益率，利息税是影响债券收益的主要因素。买国债最大的好处就是免利息税，而企业债券则没有这项优惠。但是，扣除利息所得税后。大部分发行的企业债券名义上收益率都要低于同期国债的收益率。

投资者如果选择企业债券就要分析它的投资价值。企业债券热销是国债热销的延续。国债利率采用招标方式确定，因此国债的热销就会引起承销商之间的激烈竞争，从而导致国债发行利率降低。企业债券基本上采用审批方式来确定利率，变动幅度较小，存在一定的投资机会，所以一些国债市场的资金纷纷转战企业债券。这些资金的主要目的是赚取上市后的短期收益。长期品种由于杠杆效应而导致上市后的涨幅往往大于中短期品种，因此机构对长期品种的热情远远大于短期品种，15年期的超长期品种更是炙手可热。但是，如果长期债券热销，部分承销商会在面值上加价销售，这样就会抵消一些上市收益，如果投资者的资金成本较高，可能会出现上市后得不偿失的局面。如果整个债券市场降温，而且大家都冲着短期差价而来，那么上市后谁来接盘就是疑问。所以，投资者应从各个角度出发，准确衡量期限与收益率的配比，并与其他投资品种进行比较分析，这样才能保证自己没有很大的风险。

从投资者的角度看，企业债券均存在较大的兑付风险。信用等级的高低直接意味着兑付风险的大小，同样的信用等级，因不同评估机构掌握的尺度不一实际风险可能也有差异。所以对于不同的个人投资者来说，尤其要重视发行条款中利息所得税的处理，这样综合考虑下来，显然购买国债更划算。

第十章
风云突变不慌张——保险

人生总存在着很多不确定因素，最大的危险就是风险意识的缺失！对于风险，你未雨绸缪了吗？

人生无时无处不存在着这样或者那样的风险，生、老、病、死、残……属于常规的风险。那么除了养老的问题，其他的风险我们该怎么应对呢？有了保险，你才有保证家庭完善的能力。

北京下岗男子廖丹，妻子得了尿毒症却没有能力支付巨额的医疗费，由于没有保险，也得不到相应的帮助，最终铤而走险，私自刻章，最终得到相应的法律制裁。这是一个让人难过的教训，却也警示我们保险的重要性。

1. 不同的阶段需要不同的保险

什么是保险？保险是指投保人根据合同约定，向保险人支付保险费，保险人对于合同约定的可能发生的事故因其发生所造成的财产损失承担赔偿保险金责任，或者当被保险人死亡、伤残、疾病或达到合同约定的年龄、期限时承担给付保险金责任的行为。

"稳健、保值"是现今人们最合理的经济理念，在这种理念的主导下，保险理财是值得考虑的方式之一。当疾病或灾难意外来临的时候，购买的保险可以防范和避免这些疾病或灾难所带来的财务困难，那么自己手头的资金也可以按照自己的需求进行合理的安排和规划，或者使资产获得理想的保值和增值。目前市场上保险产品琳琅满目，投保人可以报据自己的情况相应选择适合的保险种类，每个人在每个阶段对保险的需求也不尽相同。

不同的家庭阶段的保险

如何购买保险？投入多少资金合适？投入过低可能存在保障不足的风险，过高将增加家庭负担。所以说我们要根据家庭实际情况判断你到底需要购买什么样的保险。

保障和风险管理是保险的优势所在，而不在于投资收益。所以，健康保险、意外保险、养老保险和重大疾病附加险应该作为投保人家庭办理保险的首选。如果还有多余的资金那还可以参加其他种类的保险。

人们的创业时期——在单身期或建立家庭初期，除了寿险，还有一点，这个时期面临的人身风险较大，这个时期出现意外会让自己的

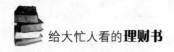

父母或其他亲属陷入生活困境。预防自己出现意外至关重要，那么意外险是必不可少的，至于具体的保险金额，可以根据这些人的生活需求来确定。其次，还可以考虑健康保险，根据自己的经济情况选择定期或是终身。

不同的年龄阶段的保险

人在任何年龄阶段，都有可能出现意外事故、疾病，从而导致家庭经济发生额外的支出，因此每个人都需要购买保险。除了意外险，任何保险都是年纪越小的时候保费越便宜。如果需要买保险，买得越早越合适。

（1）未成年人需要的保险（0～18岁）

保险买得越早，未成年人就越早获得了保障，父母越省钱。不同年龄阶段的未成年人，对其投保的重点和投保的多少也有所不同。

① 婴幼儿时期（0～8岁）

由于儿童的抵抗能力较差，容易得一些流行性疾病，所以建议多买住院医疗补偿型的险种。有能力的父母可以考虑早为子女教育金做打算；也可投保投资理财保险。

② 青少年时期（8～18岁）

如果孩子在这个时候还没有买教育类的险种，易选择时间间隔短的分红产品，它可以在一定程度上替代教育金给付。家长也可以考虑万能寿险，这个险种缴费和支取都非常灵活，保障性和投资性比较高，大人孩子都可以受益。同时，青少年时期的意外险、医疗险也是不可或缺的。

（2）单身年轻人需要的保险（18～28岁）

由于这个时期的多数年轻人收入不稳定且比较低，又没有什么家庭压力，但花销又比较大，应选择保费低、保额高的消费型保险。年轻人喜欢户外运动、旅游、追求刺激，风险主要来自于意外伤害。因此可以把定期寿险、意外险作为主打险种。万一发生意外，可以得到充分的赔偿用于治疗和度过受伤后的难关，万一身故，也可为父母提供抚恤金用于晚年的生活费。另外，虽说年轻人身体健康、发生疾病的概率相对较小，但如果资金预算充裕，也可以考虑购买重大疾病保险，万一罹患重大疾病，可从容对付庞大的医疗费用。

（3）已婚人士需要的保险（28～35 岁）

结婚后，家庭负担就会变重，购买保险时就应考虑到整个家庭的风险。夫妻双方可选择保障性高的终身寿险，附加上定期寿险、意外险、重大疾病险和医疗保险。另外，可以购买适量的两全保险，为孩子储备以后的教育经费以及自己年老以后的养老金。调整好储蓄型和保障型险种的比例比较重要，如果预算有限，这一时期保险规划的设计原则应是以家庭收入贡献较大者为主。这一阶段可适当选择适合长期投资、保费和保险金额灵活可变的万能寿险。

（4）为人父母需要的保险（35～45 岁）

可以说这一时期是人生最辛苦的时候，家里既有老人又有小孩，这个时期可以以家庭保险套餐、家庭财产保险作为主打险种，针对这段时间的三口之家、四口之家的特点，只要一人投保了储蓄性较重的主险，其他家庭成员即可投保障性较强的附加险，获得高额的保障，从而可以有效解决保费预算不足的问题。这个时期的保险金额和保费的比例要优先为家庭经济支柱做好保险保障。如果资金有限，为孩子购买的保险应适可而止。另外，这段时期家庭设施也越来越齐全，不妨每年投保一份家财险，以减少发生意外事故或失窃以后给家庭财产带来的损失。

（5）退休养老需要的保险（45～60 岁）

随着现代人平均寿命的延长，人口逐渐老龄化，退休后的生活保障尤为重要，如何安排老年生活是每个人都应该考虑的一件大事。在这一年龄阶段，原先压在身上的抚养子女、赡养老人的担子逐渐转移，而收入水平也逐渐发展到最高点，但距离退休的日子也越来越近了。由于社会的发展，将来的养老已经不能依赖于社会保险和子女赡

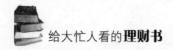

养，为自己做好养老规划是必需的。因此，如果在前几个年龄阶段已经购买了人身、意外、医疗保障等保险，这个时候的保险则应当逐渐过渡到以稳健的理财型产品为主。在做保险金额的规划时，最好将日后的交际费用与疾病医疗费用都列入计算范围。45 岁后购买养老保险，有强迫储蓄的功能，为了维持契约的持续有效，会督促自己按时缴纳保费。老年规划的另一个重点是税负问题，按国际惯例，保险金一般是不作为遗产继承的，将不计入遗产总额扣税，所以父母购买一份成功的保险单，这也是留给子女的一笔财富。

2. 理财规划中保险的比例

买保险对于我们的生活有意义吗？近代一位著名国学大师曾这样诠释保险："保险的意义，只是今天做明天的准备，生时做死时的准备，父母做儿女的准备，儿女幼小时做儿女长大时的准备，如此而已。"今天预备明天，这是真稳健；生时预备死时，这是真旷达；父母预备儿女，这是真慈爱——能做到这三步的人，才能算是现代的人。所以保险就是准备、责任和承诺的一种方式。每个人都梦想拥有很多的财富，然而精神是永恒的，而物质总会消失。只有当你做好了充足的准备、履行了责任、实践了诺言，你才能真正地拥有财富，而这些财富才是完全、永久且无可限量的。

随着保险市场的逐渐发展，有些保险产品除了有基本的保障功能外，还拥有了分红、投资等功能，已与股票、基金、债券、不动产等成为当红的理财产品之一。该怎样分配财富才算合理呢？我们在此诚挚地忠告您：鸡蛋不要放在同一个篮子里！现在国际上比较通行的做法是将收入的 25％用于存款、40％用于保险（主要是保障类）、35％才用于消费和投资，而中国理财协会秘书长也认为首先应留足预备一家人一年生活所需，其次留足家庭意外事故所需的钱财，剩下的才可用于投资。因此保险对于我们保障自己的生活质量绝对是第一措施。

保险的重要性

近来"保险理财"这个词在人们的谈话中出现的次数越来越多。很多人都把保险看作是和基金、股票、债券等产品一样的理财工具，甚至认为买保险就是一种理财。

一般来说，家庭理财的目的是使家庭财产保值和增值，并且能够满足日常生活的需要。而我们每个人对生活的要求是不一样的，有人锦衣玉食才觉得舒服，也有人粗茶淡饭就很满足；前者要追求高回报，后者只要保证资金安全就可以了。所以理财就是根据个人的目标，同时考虑对风险的承受能力，合理地安排自己各种投资活动的过程。

保险是一种有效的风险管理工具，是"为无法预料的事情做准备"。有些事情一旦发生，会严重危及我们的理财规划。投入少量资金购买保险，可以在意外情况发生时弥补我们的经济损失，使理财规划得以顺利进行，所以保险可以说是理财规划中必备的一项。

购买保险的理由

（1）不要把鸡蛋放在同一个篮子里

人对保险的认识不是很深入，认为保险的收益低，不愿意买保险，他们宁肯把资金投在相对风险较高的股票、债券等项目上。但真正懂投资的人都知道"不把鸡蛋放在同一个篮子里"的道理。他们常把资金四等分，平均投资在股票、债券、房地产和保险上。当前面三项获得高收益时，保险正好帮助他们节税；当前面三项遭遇失败时，保险却能及时保障他们的生活经济来源或提供他们东山再起的资金。这恰恰说明了保险是一种特殊的投资："平时当存钱，有事不缺钱，出现万一还能领取救命钱！"为自己留有后路和保证。

（2）购买保险可以免税

保险赔款是赔偿投保人遭受意外或不幸时的损失，不属于个人的

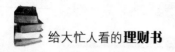

收入，因此不征税。根据《税法》规定，个人所获赔款可计算在应纳税所得之外。另外，被保险人在保险有效期内身故，寿险公司将按约定赔付身故保险金，如投保单上有指定受益人的寿险，公司将保险金付给受益人。这种保险金的给付不会作为遗产来处理，这样做有下面几点好处：

① 可免征遗产税、所得税、有利于财产转移和节税；

② 不必用来抵偿债务，任何单位和个人无权对这笔保险金进行保全和冻结；

③ 可避免继承纠纷；

④ 可让自己最爱的人合法得到财产。

（3）居安思危、有备无患

天不一定会下雨，但雨伞却是我们常备的物品；虽然风险并不一定会发生，但保险却不能不买。

（4）年轻时买保险是对年老时承担的责任

做什么事都要有准备，买保险也不例外。年轻的时候要为年老做准备，有钱时为没钱时做准备。年轻时预备年老时，这是极睿智的；有钱时预备没钱时，这是有远见的。人生最大的悲哀，莫过于在晚年的时候才发现竟然没有为自己预留足够的生活费用，而保险则可以保证晚年经济独立，令生活有了保障无后顾之优。

（5）给家人买保险是对将来承担的责任

保险是一份责任，是你对家人要继续生活下去而负起的责任！平安时的一点付出胜过灾难时的千百倍祈祷。

3. 购买保险要分步走

保险能够作为一种商品而存在，它最重要的价值就在于风险保障，防患于未然。其次才是投资功能。因此，买保险时不能只看价格，不能单纯地将保险的收益同储蓄、国债、股票的收益作比较，而是要综合考虑个人的保障需求、保险公司的经营业绩以及保险代理人的服务质量等。

任何人在打算购买保险之前，都要首先确定自己的保险需求。而一般情况下，保险公司会根据六大类需求来设计产品，分别是投资、子女、养老、健康、保障、意外。

购买保险以前一定要确定自己或家人将来要面临的医疗费用风险。

对于自己的保险赔付需求要明确，各保险公司的产品在投保条件、保险期间、缴费方式、除外责任和理赔方式等方面各有特色。消费者可选择与自己的收入特点、支付习惯及品牌偏好相适应的保险。未来收入不稳定的人，可选择短期内缴清或有保单贷款功能的保险。希望保险产品能够升级的人，可购买具有可转换功能的产品。

读通保险合同条款

（1）对于合同上可填写的内容投保人一定要认真核实。如合同中的投保人、被保人和受益人的姓名等是否有误；险种与保险金额、每期保费是否与你的要求相一致等。

（2）合同条款中的保险责任条款是注意的项目，应认真阅读。该条款主要描述保险的保障范围与内容，即保险公司在哪些情况下需理赔或如何给付保险金。

（3）除外责任条款也应认真查看。除外责任条款列举了保险公司不理赔的几种事故状况，消费者购买保险后要小心回避这些状况的出现。

（4）合同中特有的名词注释应多了解。此项内容是保险专用名称正式的、统一的、具有法律效力的解释。

（5）合同解除或终止情况的规定或列举是否合宜。即投保人或保险公司在何种情况下可行使合同解除权。从目前情况来看，消费者往往对此条款最不满意。如在医疗险中，有些保险公司一旦发生赔付，即依据该条款开出《除外责任书》。

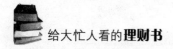

购买保险五步法

（1）咨询业务员自己适合哪些险种的保险，再做投保。由于很多保险公司针对不同客户群体设计了不同的条款，可能会有很多条款限制投保项目，所以应该要求保险公司业务人员只为自己介绍可以投保的条款，避免混淆。

（2）重点了解新条款和旧条款的区别，重点要求介绍的是保险责任、责任免除理赔处理（特别是免赔率）、被保险人义务（特别是其中可能导致保险公司拒绝赔偿的义务）等内容。这几条规定了对于哪些事故保险公司能赔，哪些不能赔，能赔的怎么赔。如果一个事故在"保险责任"范围内，同时不在"责任免除"范围之内并且被保险人没有违反"被保险人义务"，保险公司就会按照"赔偿处理"中的规定进行合理的赔偿，否则保险公司不予赔偿。

在进行赔偿处理中免赔率要给予特别的重视，免赔率越高，同样的损失保险公司赔偿的钱就越少。在新条款中，各公司对免赔率的规定有较大差别，消费者需要注意比较。另外，有些免赔率规定可以通过投保"不计免赔特约险"取消。如果打算投保"不计免赔特约险"，除了注意有哪些免赔率外，还需要注意哪些免赔率中规定可以通过投保"不计免赔特约险"取消，哪些不可以取消。

（3）为了避免出现理解错误和被人误导的可能，对保险业务员所讲的内容，特别是对自己有利的，都可以让他指出所述内容在保险条款几条第几款，眼见为实。

（4）打算购买保险时，如果保险业务人员口头上做出了一些承诺，一定要落实到文字上，或者在条款中有明文规定，或者在保险单特别约定栏注明，否则今后一旦发生争议就很难取证。

（5）最后，可以与其他的保险公司的合同条款做个比较，基本原则是："保险责任"越多越好，"责任免除"和"投保人、被保险义务"越少越好，赔偿金额越高越好，"免赔率"越低越好。再对照相应的费率，选择一份称心如意的保险。

4. 善用保单转换，让你的保单活起来

所谓"保单转换"就是指按照保险合同的约定或者保险公司规定，投保人可将现有的保险合同转换为其他保险合同。转换后，新保险合同计算保费的年龄与原保险合同相同。为了能够既减少保费支出，同时又不降低保险的保障功能，消费者可以通过"保单转换"调整保险计划，将以前购买的比较昂贵的储蓄型保险转换为保障型保险。

"保单转换"调整保险计划有两大优点。一是投保人如果选择退保不仅会承担较大的退保损失，而且退保后想要再购买保险，保险公司将会以购买时的年龄作为新的投保年龄，而通过"保单转换"调整保险计划，新保单的投保年龄与原保单相同；二是退保后再购买保险，保险公司需要重新核保，投保人面临被拒保和增加保费的风险，如果通过"保单转换"调整保险计划，保险公司一般不会再次进行核保，并按照投保人初次投保时的核保等级来进行费率计算。

因为收入的下降，可能一些购买长期寿险的消费者承担不起高额的保费而选择退保。对于长期寿险，第一年度的保单现金价值极少甚至为零。如果退保，退保手续费等于保户所交保险费，投保人有可能一分钱也拿不到。第二年度的保单现金价值为所交保险费的20％左右。如果退保，保险公司将扣除投保人所交保险费的80％作为退保手续费。而从第二个保单年度到第五个保单年度，手续费比例递减。在第五个保单年度之后，刚好维持在一个较低的固定水平。所以在保险合同订立后，交保人如果提前退保，将要承担一定程度的退保损失，因此消费者尽量不要提前退保。

巧用保单权益转换避免退保损失

很多人在购买保险之前没有考虑周到，往往过后才发现保单并不

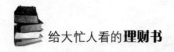

适合自己，或因为缴费能力下降等原因有退保的想法。其实，有的保单可附加"权益转换"功能，无须二次核保，且可减少盲目退保带来的损失，不过并不是所有的险种、保单都可权益转换，投保人可根据保单中的条款以及自身的需求选择是否进行权益转换。

（1）定期寿险转换为终身寿险。

王先生刚刚参加工作，因为资金还不足，没有多余的钱买终身寿险，于是他考虑年龄大一些后，再将定期寿险转换为终身寿险。

在购买寿险时，应对自己的资金和经济能力有个了解，对于经济能力有限的人来说，先选择定期寿险，待经济能力提高后再选择终身寿险、养老险或两全寿险都是个不错的做法。"不过，定期寿险的转换也有条件限制，一般在保险合同生效满两年甚至更长时间后才可转换，且被保险人年满45周岁的生效对应日以后将不再享有此项权益。"某外资保险公司理财师表示，"对于年龄偏大的投保人来说，保单权益转换也要注意时间上的要求，为了避免受到年龄限制，可在原有保单结束之前早早做出计划和打算。"

（2）少儿险到期转其他险种。

张女士的孩子5个月大，为了使孩子健康无忧地成长，近期准备为孩子购买一份保险，她有两种考虑，首先是购买教育金保险，其次是购买寿险，但是又觉得没有必要为孩子提供终身保障，待孩子成人后再考虑转投其他险种。

理财师的建议是：首先要做好最基本的保障，在资金还宽裕的基础上，再购买寿险和教育金保险。不过，如果购买定期寿险和教育金保险，都将面临保单到期的问题。目前国内少儿教育金保险的保障期限一般到18岁、20岁或25岁等，且随着年龄的增长，未来风险保障的重点也将发生改变，即转向疾病、意外、养老等。此时，可使用保单转换功能，将其转换成可转换险种。不过作为少儿教育金保险的保费将以转换日当时合同中被保险人的年龄为准。

（3）由于支付能力下降而转向便宜的险种。

当经济环境陷入困境，投资市场低落，人们的资金也开始缩水，原有高保费保单无力续保，难免产生退保想法。如购买费率较高的两全保险、终身寿险、养老险后，由于经济能力下降无法正常续保，为使自己保障部分继续有效，可将原保险内积累的现金价值，来转换为低保费险种，可避免因为退保带来的损失。但是，由高保费险种转换为低保费险种时，应该特别注意保障功能或收益是否发生了变化，投保人应根据实际情况选择是否转换。

通过"保单转换"调整保险计划

消费者在商场里买衣服时，发现不合适之后可以调换大小，更换款式，一直到令你称心为止。如果是在保险公司购买保险后发现不合适怎么办？除了退保，还有其他更好的办法吗？黄先生是一位生意人，曾购买过一份高额投资型定期寿险。但是由于全球遭遇金融危机，A股市场持续低落，他投资的股票大赔特赔，自己的生意也是一落千丈。在这种状态下，黄先生已经承担不起高额的保费。而黄先生的保险该怎么办呢？是否需要退保呢？

（1）退保损失难以承受

保险业的资深人士大多会这样向投保的朋友建议："不到万不得已，最好不要退保"。一般在保单经过一定年度后，投保人可以向保险公司提出解约申请，公司应自接到申请之日起 30 天内退还保单现金价值。不过需要注意的是，寿险合同订立后，如果中途想要退保，投保人就会承担不同程度的退保费用。

在长期的寿险契约中，投保人为了履行契约责任，通常需要提存一定数额的责任准备金，当被保险人于保险有效期内因故而要求解约或退保时，保险人将提存的责任准备金减去解约扣除后的余额退还给被保险人，这部分金额就是保单的现金价值。保险公司的一些长期性寿险险种，第一年度的保单现金价值极少，甚至为零，如果保户退

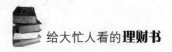

保，有可能一分钱也拿不到；第二年度的保单现金价值为所交保险费的 20％左右，即如果保户退保，保险公司将扣除保户所交保险费的 80％。随着保险年度的增加，保单的现金价值还要承受一定的损失。

另外，投保人在损失保费的同时，被保险人也失去了保障。因此，应该反复权衡后再做打算。

（2）保单转换激活保险

在这样的情况下，或许很多人会推荐采用"减额缴清"和"保费垫缴"的方式。但"减额缴清"虽然保证了保险期间与原保单一致，但保障金额会减少；"垫缴保费"虽能使保障金额不变，但保险期间不确定。若投保人希望风险保障额度能够维持不变，保险期间也能尽量长久些，那么保单转换就提供了这种选择。当储蓄型的保险转换为纯保障型险种之后，储值功能会大大地减弱，但是保障仍然是有效的。

（3）保单转换有条件

虽然可以通过转换将以前不适合自己的保单变成对自己有益的保单，但是，这种转换对保险公司是有成本压力的，也不利于公司对该保单所收保费的资金运作，多数的保单转换条款有严格的时间限制，因此如果想要保单转换，一定要马上采取行动。

一般来说，保单转换规定一定要在保单生效两年后才能开始。并且，有些公司的"可转换权益"规定，被保险人年满 45 周岁或 60 周岁以后不再享有此项权益。有些公司还规定，原保险缴费期满前两年开始不再享有此权益。如果需要转换保单，就要好好把握中间这段时间。

另外，如果客户需要进行保单转换，必须向保险公司提供保险合同最近一次保险费缴费凭证、投保人及被保险人身份证明、受托人身份证明（若委托他人办理），就可以向公司要求办理转换手续了。

5. 跳出保险理财的误区

随着现代人风险意识的加强，买保险的人已不占少数。保险市场中尤其是"保险理财"市场发展得极其迅速，其中投资型保险产品成为主要推动力。据专家分析认为，由于分红、万能、投连等人身险产品具有较强的储蓄替代性、保障性及投资性，而同期的资本市场持续低落，以至于"保险理财"成为广大消费者们青睐的对象。

对于逐渐升温的"保险理财热"，专家提醒，因受资本市场波动的影响，投资型保险产品也会有收益风险；保险产品的根本功能还是保障，在保险理财观念方面，不少人的认识是错误的。所以，人们要理性投资，避免走入保险理财的误区。

随着人们理财观念的逐渐转变，保险作为对家庭财产和人身安全的有效保障，近年来也越来越多地受到人们的关注和接受。但在现实生活中，不少人对保险的认识还不够充分，存在着一定的误区。

正确认识保险

举个例子来说：小王在 A 和 B 两家保险公司分别购买了保额10000 元的医疗费用型保险，开始以为一旦患病，可以得到双重赔偿。承保后，小张有一次住院一个月，共花费 12000 元的费用。小张拿着住院证明先到 A 保险公司获赔了 10000 元，再到 B 保险公司，却被告知，只能对剩下的 2000 元进行理赔。

按照保障的具体内容来划分，医疗保险可以分为两种，一种是医疗费用型保险，一种是医疗津贴型保险。所谓费用型保险，是指保险公司根据合同中规定的比例，按照投保人在医疗过程中所花费的诊疗费和合理医药费的总额来进行赔付；而津贴型保险，与实际医疗费用无关，保险公司按照合同规定的补贴标准，对投保人进行赔付。小张这里投保的就是费用型保险，所以即便买了同类型的多份保单，得到

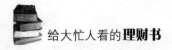
的赔偿不会超过自己实际的支付。而重复投保，相当于双保险的说法也是错误的。

究竟该买什么保险？到底买哪个保险计划是最适合的呢？绝大部分买过保险或者是准备投保的人都遇到过这种疑惑。对于很多已经投保的人来说，有很多人实际上并不真的十分清楚自己所购买的人寿保险什么时间可以使用，更有甚者已经投保数年依旧不知道自己每年花费成千上万元买来的到底是什么保险，保的是什么。保险同汽车、房产已逐渐成为人们生活中的"新三大件"，如果投保走进误区，无疑会直接影响你的利益，有时甚至买了保险也不能真正得到保险。其实也有许多投保人，没有能够真正了解保险的内涵，而是走进了一个投保误区。

走出思想误区

误区一：保险理财可以发横财。

保险理财是通过保险进行理财，是指通过购买保险防范和避免因疾病或灾难带来的财务困难，对资金进行合理安排和规划，同时可以使资产获得理想的保值和增值，而不是发横财。一般来说，保险产品的主要功能是保障，而一些保险所具有的投资或分红只是附带功能。一些购买了投资联结、分红保险等投资类保险的保户发现收益与预期相差太远后纷纷退保，这固然与一些营销员只强调投资收益前景的误导有关，但是也有一些人购买保险只是为了赚钱，这是不成熟的投保心态，也是易走入思想误区的一个原因。

保险的主要作用是在保险人遭受了保险责任范围内的风险损失的时候，可以得到及时和可靠的经济补偿或者给付保险金。近年来，保险公司推出了很多新产品，可以在保障功能的基础上实现保险资金的增值。但是相对其他金融产品，因其风险很低，并且具有一定的保障功能，所以收益在总体上来说比不上基金、债券等。

绝对不能把买保险当作是一种投资，投保时切勿重回报，轻保障，不要将保险的功能本末倒置。切记在有足够的保障的前提下，再去考虑保险投资才是正道。

误区二：消费险种，投保好像得不偿失。

很多人都会这样认为，买了保险后如果平安无事就应返还保费，如果没有保费返还总有一种得不偿失的感觉。例如某人寿的个人住院医疗保险，年支付保费1101.77元，每年可享受到33.725万元的医疗保障。如此低保费高保障，无返还，你是否也觉得得不偿失呢？

其实每个人的具体情况都不同，没有最好的险种，只有最适合的险种。所以大可不必去计算怎样去买保险不吃亏，或者说怎样买"合算"，只有你购买的险种最适合你，对你来说才是最好的。

误区三：保额要高，过度投保无妨。

连择一定数量的险种投保，保障额多了当然是好事情。但是，如果不考虑自己的承受能力，什么险种都想买就不切实际了。特别是购买一些长期的险种，要交十年、几十年的保费，在此期间如果经济承受不了，退保时必定造成损失。所以要按照自己的需求、家庭的需求、自己经济能力去投保。

误区四：隐瞒病史，未必露馅。

如果你已经有了长达10年的吸烟史，就不要存有侥幸的心理，以为可以隐瞒。即便保险代理人跟你讲，这没有什么大关系，但如果哪天你不幸患病，这吸烟史上的一个"无"字，可能就是理赔纠纷的焦点。

《保险法》第十六条规定"投保人故意隐瞒事实，不履行如实告知义务的，保险人有权解除保险合同"。投保中隐瞒了被保险人的真实情况，这种情况很容易导致保险公司理赔时做出不利于投保人的决定。

误区五：只要投保，都能提供保障。

保险的保障范围有时和想象的不一样。如，保险公司愿意赔的"重大疾病"和生活中真正的"重大疾病风险"是不同概念，许多疾

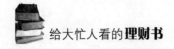

病都是在其免责范围之内的。但很多人购买保险时，对所购买保险的内容了解得并不多，甚至是在保险代理人、营销员和亲朋好友的鼓励下购买的。对于哪些险种适合，哪些险种不适合，没弄清楚就稀里糊涂投保了。以后发现所购买的险种并不适合自己，如果想要再退保就要承担一定的退保损失，陷入两难的境地。

误区六：孩子保险，比大人更重要。

家长们在给自己孩子买保险时存在着相当大的误区。家长们都觉得给子女保得越多越好，大人甚至为了孩子宁愿省下钱来自己不买保险。但实际上，保险的原则应该是"先大人后小孩"。因为大人是家庭的经济支柱，也是孩子的依靠。大人所承担的责任和可能遭受意外和疾病伤害的概率都非常大，一旦出现状况，家庭生活都有可能出现问题，更何况是继续支付孩子的保费。所以，家长们给自己投份保险比给孩子投保更重要。

误区七：分红保险可以保证年年分红。

分红产品并不能保证年年分红。分红产品的红利来源于保险公司经营分红产品的可分配盈余，包括利差、死差、费差等。其中，决定分红率的重要因素是保险公司的投资收益率。通常，投资收益率越高，年度分红率也会越高。但是，投资收益率高并非年度分红率就高，年度分红率的高低，同时要受到死亡实际发生情况、费用实际支出情况等因素的影响。保险公司的每年红利分配要根据业务的实际情况来确定，必须符合各项监管法规的要求，并经过会计师事务所的审计。

误区八：买了几年保险没发生意外，保险费白交了。

有些人会觉得买保险不划算，如果不出险，钱就白花了；如果出险了，则又伴随着一种保险带来厄运的感觉。其实，买保险是防万一，不出事最好。有了保险，随时都处在保险保障之下。就像现在很多家庭都会选择安装防盗门，没有人会认为是防盗门把贼招来的，要是没有小偷上门，也不会觉得防盗门白买了。其实保险就像是一扇无形的防盗门，让客户在追求幸福的时候不要忘记了风险。

误区九：寿险产品大部分是死后或快死时才能得到的保险。

保险保障的是在发生不幸时的资金财务，而不是疾病或死亡。目前的寿险产品有终身寿险、养老保险和大病、住院医疗等健康保险。终身寿险是在被保险人死亡、全残时，受益人可领取一笔保险金。而养老金则是除了保险期间有死亡或全残的保障外，在满期时，还有一笔满期金可以作为被保险人的养老金。健康险产品的保障功能更强，是在被保险人患病时由保险公司支付医疗费用或保险金。

误区十：只要存了钱，没必要再买保险。

保险和储蓄都是应对风险时的办法，但是它们之间还是有很大区别的。储蓄灵活性很强，可随时存取；而保险的保险费是不能随意取回的。储蓄是一种自救行为，如果有意外发生，根本没有把风险转移出去，而如果钱还没攒够，就会陷入困境；保险能通过获得保险金渡过难关，可以把风险转移给保险公司，是一种互助行为，就是平时所说的"平时注入一滴水，难时拥有太平洋"。

6. 出险后保险索赔的禁忌

保险理赔不像拿存折到银行取款那样简单，是要经过报案、索赔、核实再到批准发放赔敬一系列程序。很多人认为理赔是件很难的事。其实单从理赔的角度来讲，只要符合保单上的规定和程序就可获得理赔，反之就得不到理赔。

保险公司拒赔的原因

（1）所签合同为无效合同。合同已订立但却不具备法律效力的保险合同是无效的，例如，以死亡为给付保险金条件的人身保险合同未经被保险人书面同意（被保险人是未成年人除外），就可以认为是无效合同，保险公司有权拒绝赔偿。

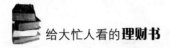

（2）未履行如实告知义务。在签订保险合同前，每个投保人都应如实告知自己的有关情况，否则保险公司可以拒赔。

（3）未按期缴纳保险费。投保人在缴纳第一期保险费之后保险合同开始生效，此后投保人必须按期缴纳保险费，超过宽限期仍未缴纳保险费，也没有保费自动垫交功能的，保险合同的效力就会中止。在效力中止期间若发生保险事故，则保险公司有权拒赔。

（4）保险事故发生在免责期。保险合同中，会清楚注明保单生效后，保险公司有一段"责任免除"时间，这段时间叫作"免责期"，在此期间出险，保险公司免赔。

（5）保险事故属于免除责任。保险合同责任免除条款中都会明确列明不赔付的项目，属于免除责任的保险项目，保险公司没有责任理赔。

（6）保险事故不属于保险范围之内。

（7）超过了索赔的有效时间。除了人寿保险以外，其他保险的被保险人或受益人在自其知道保险事故发生之日起超过两年有效索赔时间的，人寿保险的被保险人或者受益人，自其知道保险事故发生之日起超过五年有效索赔时间的，保险公司有权拒绝赔偿。

（8）缺少索赔时必需的材料证明。被保险人在发生保险事故后，受益人应尽快提供必要的单证、材料，以证实是否属保险责任事故。

（9）谎报、虚报保险事故。一些投保人谎报保险责任事故或故意夸大保险事故损失程度，保险公司在查清真实情况后可以拒赔。

索赔注意事项

（1）要把握好索赔时效。被保险人在发生保险事故后，在保险公司的规定保险责任范围内，被保险人或受益人就有权利向保险公司请求赔付保险金，保险公司有义务受理索赔申请，承担赔付责任。不过保险公司受理索赔是有有效期限的，并非一直存在。如果超过了索赔的期限，保险公司可以认为被保险人或受益人放弃索赔权利，从而拒绝受理索赔。我国《保险法》规定，人寿保险的索赔时效为两年，其他保险的索赔时效为5年。索赔时效的起算日不一定是发生保险事故的当天，而是被保险人或受益人自己知道保险事故发生的那一天作为起算日。

（2）将申请理赔手续准备齐全。索赔时需要提供的单证主要包括：保险单或保险凭证的正本、已交纳保险费的凭证、能证明保险标的或者当事人身份的有关原始文本、索赔清单、出险检验证明，还有根据保险合同规定需要提供的其他相关材料。

另外，保险事故的发生与事故所造成的损失之间要有直接因果关系，这样才能构成保险赔偿的条件。它是保险理赔中必须遵守的原则，也叫"近因原则"。投保人在发生保险事故后应灵活地运用保险"近因原则"进行索赔。

保险事故引发损失的原因有很多种，在引发损失原因单一的情况下，实际理赔的操作就相对简单。理赔人员只需要判定这一原因是否属于保险责任即可，而投保人、被保险人及受益人也往往很少会有异议。而当事故所造成的损失是由多个原因导致的时候，就容易出现理赔纠纷的现象。其中有两种情况最易产生分歧：一种是多个原因造成保险损失，且每一个都是事故的"近因"，不过只有一些"近因"属于保险责任范围，另一部分超过了范围。对于保险公司来说，需要理赔的是责任范围内的保险损失，被保险人也可以为这部分原因据理力争索要赔偿。另一种情况是多个造成损失的原因之间相互依存或存在因果关系，在判断"近因"时容易导致被保险人和保险人之间的矛盾。

李秀丽2005年买了意外伤害保险，期限是五年。2007年下半年，她被一辆慢速行驶的轿车轻微碰擦了一下，顿觉胸闷头晕。在送往医院途中病情加重，最后在医院不治身亡。在医院的死亡证明书上写着死亡原因是心肌梗塞。

李秀丽家人拿着意外伤害保险有效保单及死亡证明等资料，向保

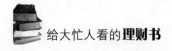

险公司索赔，但遭到拒绝。保险公司的理由是，导致李秀丽死亡的原因是心肌梗塞，不属于意外险责任范围，保险公司无须赔付。这引起了李秀丽家人的强烈不满。

在这个案例中，造成李秀丽死亡的原因有两个，一是季秀丽与轿车发生的轻微碰擦，另一个是心肌梗塞，后者也是医院诊断出的死亡原因。李秀丽与轿车发生轻微碰擦是"诱因"，同样的事情发生在正常人身上，是不会导致死亡的，所以导致她死亡的"近因"不是车辆碰撞，而是自身健康的原因，即心脏病所致。因此，李秀丽自身的疾病才是"近因"，这类风险属于重大疾病保单承保范围或由寿险保障，不属于意外险保单赔付范围。

在人身意外伤害险和健康险中，如果事故是由一系列的原因造成的，而这些原因之间又存在着因果关系，那么前事件称作"诱因"。如果"诱因"在健康者身上可引起同样后果，那"诱因"即是"近因"；反之如"诱因"发生在健康者身上不会引起同样后果，则"诱因"不能成为"近因"。在财产保险中，同样存在着不少"近因"分歧，对于这些分歧，判断的标准是如果造成损失的原因可以通过因果关系串联起来，那么，最初的"诱因"即为"近因"。

第十一章

投资的蓄水池——储蓄

如果你每天将10元钱放进储蓄瓶子里，一个月后就可储存300元，一年可储存3600元。倘若你继续储蓄，便会在27年后拥有10万元了！

"人无远虑，必有近忧"，如果在急用钱的时侯却囊中羞涩，势必会让你更加的困窘，所有的投资都需要一定的本金来支持，而养成良好的储蓄习惯就像实现财富积累的敲门砖。储蓄不光是"熊"市中的一种保命术，不管是"牛"市或者"熊"市，也不论你是正处在财富积累初期还是初具规模，储蓄始终是资产组合构成中不可或缺的一部分。

安全稳健地进行储蓄，活期储蓄的方便灵活不光是维系我们生活最后的一种保障，也是我们积累财富的第一步。

1. 储蓄可以改变生活

一提到储蓄，很多人会觉得储蓄并不是那么重要。其实，储蓄是理财之中很重要的一个方法。在西方，储蓄指的是货币收入中没有被用于消费的部分。这种储蓄不仅包括个人储蓄，还包括公司储蓄、政府储蓄。储蓄的内容有在银行的存款、购买的有价证券及手持现金等。但是，在我国，储蓄指的是城乡居民将暂时不用或结余的货币收入存入银行或其他金融机构的一种存款活动。公民适当地存款储蓄，可以为国家积累资金，支援现代化建设，调节市场货币流通，培养公民科学合理的生活习惯，建立文明健康的生活方式等。

人们在创造财富的过程中，不可能把所获得的资金完完全全地用于消费或用于投资。其中必然有一部分结余放置未用，此时人们为了日后积累财富，既不打算现在消费，也不是为了作致富增值的手段，仅仅以防各种风险、灾难和急用的发生。比如不考虑是否升贬值因素而纯粹出于信任将货币存入银行。还有一部分人是为了投资而储蓄，储蓄的最终目的是为了投资，通过储蓄来积累更多的投资资金，用来创造更多的财富。

储蓄是一种必备的素质

储蓄既是一种积累手段，又是一种投资手段。作为积累手段，它是为了实现未来某一耗资较大的消费而有目的地存钱。作为投资手段，其作用是积累更多的本钱，用来创造更多财富。两者都是现代人实际的需要，我国一直崇尚"勤俭节约"的生活习惯，我们在如今的社会中更应该这样做，用积攒下来的钱，去创造更多的价值。不积小

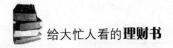

流无以成江河，所以适当地储蓄不仅可以说是种美德，更是现代人适应社会所必需的一种素质。

张先生，25岁，某医药公司职员，他一直没有考虑过储蓄，"当然我也不会每月花光，自己一样过得很好，每年还能剩一点零花钱。"有像张先生这种思想的人很多，我们乍一听，感觉这样的生活方式也挺好，不用费心去储蓄，有钱就花，没钱就不花。但是，细想一下，难道真的不需要储蓄了吗？每个人都会面临买房、装修、结婚的事情，就算你会说这是几年以后的事情，但是现在不去积累财富，几年之后未必能做到。

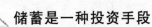

储蓄是一种投资手段

储蓄不仅能够调整国民经济的比例和结构，稳定市场物价，帮助国家聚集用来经济建设的资金，而且可以调节货币流通，引导居民消费。所以即使平时从来不储蓄的人，处在社会这个大环境中，也会与储蓄有着千丝万缕的联系。

刘先生，28岁，在广告公司从事设计工作，但是他从事的这份工作完全是为了不让自己的生活乏味，因为他家庭富裕，家里已经给他准备了结婚、买车、买房、装修的钱，他只需要自己挣钱自己花就可以了，当然就不需要储蓄了。但是，难道这样就真的高枕无忧了吗？假如你或者你的家人突然有人得了大病，需要很多钱来医治时，你该怎么办？或许这个时候你并没有意识到是自己平时不储蓄导致自己无法抵御这些风险。但是假如你平时就有足够的风险意识，懂得未雨绸缪，那么遇到问题也不至于措手不及了。

我们要说的是，很多人的"我不需要储蓄"的观点是错误的，不论你收入是否真的很充足，也不论你收入是多么微薄，你都有必要储蓄，合理的储蓄能增强你和你的家庭抵御意外风险的能力，也能使你的手头更加宽裕，生活质量更高。

储蓄带来的真正价值

储蓄越来越深入到我们的日常生活中。但人们对储蓄带给我们的益处和价值往往并不了解，大部分人在谈到储蓄的时候都是说要通过储蓄来为他的钱保值增值。当然储蓄确实有这样的价值，但这只是储蓄带来的表面效果，其内在的真正价值还有很多。

（1）保障居民生活，规避各种风险

现代社会，瞬息万变。风险在我们没有察觉的时候就会来临。我们时刻都有可能遭遇意外事件。但如果事先早安排则可以将意外事件带来的经济损失降到最低程度，从而达到规避风险、保障生活的目的。个人所面对的风险主要有两类：一类是微观风险，即与客户自身相关的风险，例如事业、疾病伤残、意外死亡等；另一类是宏观风险，这种风险对个人来说是无法控制的，例如通货膨胀、金融风暴、政治动荡等。这些风险都会给个人的财务安全以及日常生活带来巨大的冲击，一个科学合理的财务资源的安排会让你在风险到来时采取有针对性的防范措施，而不至于措手不及。

（2）合理调整消费，平衡各项收支

每个人的收入和支出都不是同步的，大多数人在 23 岁左右——也就是大学毕业前几乎没有收入，但支出却很多。工作以后，其收入呈逐步上升趋势，开始有了结余。但到了 25－35 岁之间，人生的许多大事都要发生，尤其是购房、买车、结婚、生小孩等，这个时期几乎是每个人最需要花钱的阶段，此时的收入往往难以满足支出，很少有人能在这个时期保持收支平衡。到 40－50 岁左右时通常收入达到最高峰，但是此时支出却并不多。此时收入应高于支出积累财富。到退休后收入则显著下降，尽管支出也有所减少，但大部分人是支出大于收入，此时就需要动用积蓄来享受晚年的生活。

储蓄可以站在人生的整体角度来订立，使你在人生的各个阶段都能轻松应变，在保证财务安全的前提下享受更高质量的生活。反之，

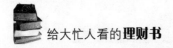

如果不提早做好储蓄的整体规划，就可能会在有钱的时候过分挥霍，而一旦收入降低，就会出现入不敷出的尴尬情况。

（3）积累更多财富，效益实现最优

思想保守的人为了回避风险，会把所有的积蓄放在银行。这样做可以保证本金的绝对安全，但却是以牺牲回报率为代价的，不利于个人生活水平的提高。还有一部分人，对风险态度比较积极，可能只考虑高回报而忽视了潜在的风险，这样也不利于个人生活的改善。而通过储蓄，可以帮助我们采用正确的投资态度和方法，在每一个时期使手中的资金在风险可承受的范围内产生最大的效益，不仅能够更快地积累财富，而且有足够的资金来应对各种急需。

（4）明白自身需要，实现效用最大

面对同样一种东西，不同的两个人会看出不同的价值。比如一个比萨，在一个流浪汉看来，它远远比一个真皮钱包价值大，但是对一个时尚白领来说，真皮钱包的价值和效用肯定又远远高于一个比萨，这个道理是显而易见的。但在生活中太多的人被许多表面的东西所蒙蔽而忽视了生活的内在，选择花很多的钱去追求一些并非真正需要的东西。生活中，我们经常会看到很多人很会赚钱，也积累了很多财富，但其生活品质却并没有因此而提高。还有很多人的消费在别人看来分明是"花钱买罪受"，这都是由于他们并没有明白自己真正的需求造成的。储蓄的一个非常重要的价值就是让储蓄的人学会思考，明白自己真正需要的是什么，然后科学合理地分配自己的资金。

2. 树立适合自己的储蓄目标

很多理财专家都表示：希望居民将储蓄引入投资领域。但是央行一份储户问卷调查显示。65％的被调查者选择储蓄存款，有10％以上的被调查者选择"国债"，不到10％的被调查者选择"股票"。看来，人们对储蓄的兴趣要远远高于投资。尽管很多居民都选择储蓄，但是

对储蓄认识透彻的人却是寥寥无几，大多数人还是盲目储蓄，造成财富的贬值，不利于个人生活质量的改普。所以根据自己的收支状况，树立一个科学合理的储蓄目标是很重要的。

老年人：储蓄为自己，也为儿女

在各大银行里等待办理业务的人有很多，其中以老年人为主要群体，从他们手中握的红色存折或银行卡可以看出，他们中的大部分人是来存取钱的。现在很多银行还代卖开放式基金和国债，很多老年人也买了国债。"有钱就要存起来，我一辈子都这样，再说，放银行里多保险呀。"这是很多老年人的心里话。很多老年人退休后，退休金虽然并不比以前的工资少，但却比之前上班的花销更多，一般都会出现退休金不够花的现象。更何况老年人到了一定岁数身体难免都会有一些问题，去医院看病现在已经成为很多有老人的家庭花销中的很大的一部分。就算老人的退休金够自己花了，"可怜天下父母心"，不管多少，不管到什么时候，父母永远都会想着自己的孩子，他们储蓄也希望能给儿女们留点儿积蓄。老年人由于收入的限制，储蓄已经成为一种习惯，他们更看重资金的安全性和稳定性。他们很少有人去冒险炒股，或者做其他的投资，一般都以储蓄为主。

中年夫妇：储蓄是为了整个家庭的稳定

中年人由于收入比较多，而且仍然还存在很大的潜力，对于他们来说，很多人的储蓄就是为了整个家庭的稳定。中年人的各项花销比较大，上面有老人，下面有儿女，整个家里的花销都要考虑，所以他们即使对投资有很大的兴趣，也不会贸然投资，会出于对家庭的考虑，有所顾忌。他们即使投资也是很小的一部分投资，比较谨镇。

年轻人：储蓄为了更好地投资

25岁左右的年轻人大都表示对投资很有兴趣，但是由于他们都是

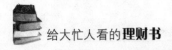
刚刚参加工作，想投资却没有资本，所以他们一般都是为了投资储蓄资本。另外还有一部分年轻人储蓄是为了迎接自己人生中大事集中的10年，用来结婚、买房、买车、生孩子等，这是人生中花钱最多的一个阶段，所以很多年轻人也是为此在做准备。因为单靠工资是不可能满足这些要求的，年轻人很多还会选择股市，因为他们都富有一定的冒险精神，就算弄得一夜破产，也会很快地再站起来，对于股市的赚与赔，他们都看得比较坦然。不难看出，年轻人的观念更现代化，他们也在储蓄，但这部分储蓄资金中很大一部分今后会转向投资领域。

中国居民对于自己的私人财产向来非常谨慎，同时，不习惯别人替自己"管账"。目前就大众的投资渠道而言，国债比较稳妥；保险作为储蓄手段被人们认识和接纳尚需时间；而股票、基金（包括开放式基金）都是风险大于收益，因此，想吸引居民储蓄资金加入，尚待时日。储户在储蓄的过程中要根据自己的实际情况来安排自己的储蓄，为自己树立正确的储蓄目标，这是非常重要的，然后再向着自己的储蓄目标前进，向财富迈进。

3. 寻找适合自己的储蓄方式

随着社会的不断发展，人们的储蓄意识也随之越来越强，能够选择的投资工具也越来越多，而储蓄由于其存取自由、安全性高、收益稳定等特点，在个人和家庭投资储蓄组合中，始终占有很大的比重，深受人们的喜爱。所以利用好不同的储蓄方法，选择适合自己的储蓄方式，更好地发挥储蓄的投资功能，使储蓄科学化、最佳化就显得尤为重要，只有这样才能让储蓄更好地为我们服务。

现在我国的银行存款大致分为定期储蓄和活期储蓄两种。定期储蓄是在约定的存款时间内一次或按期分次存入本金，整笔或分期平均支取本金利息的一种储蓄。按照它的存取款方式，可分为零存整取定期储蓄、整存整取定期储蓄、存本取息定期储蓄、华侨（人民币）定期储蓄、整存零取定期储蓄等。活期储蓄存款是一种没有存款日期限制、随时可存取、没有存取金额限制的一种储蓄。按照其存取方式又可分为活期支票储蓄、活期存折储蓄、定活两便等。除了以上两种储蓄之外，还有教育储蓄存款。

在日常生活中，很多费用都是需要随时存、随时取的，可选择活期储蓄。活期储蓄犹如你的钱包，可应付日常生活零星收支。但这种储蓄方法的利息很低，所以应尽量减少活期存款，现在银行也是充分考虑了各个群体的不同需求，推出了很多人性化的储蓄方法，相信总有一款是适合你的。

（1）储蓄不当，给自己增添苦恼

张女士，32岁，某单位从事人事工作，作为年轻白领一族，存款不多，收入主要以工资为主，但却面临着结婚、买车、购房等随时都会有大笔消费的情况。"我们的工资都直接打在卡上，通常都是用多少取多少，每月节余部分也就放在卡里吃活期利息了。身边很多朋友都是这样的。但是每个月都不知道自己花了多少，还都是很细心地花，结果一年下来也没存多少钱。"其实像张女士这样的人大有人在，这样做既不利于资本的积累，也没有实现效益最大化。

（2）不想再做"月光族"

杨先生，25岁，某企业从事财务工作。"我每个月都是'月光族'，有时候遇到一点事情急需钱用，真的是苦恼得不行，只能祈祷一切顺利。"现在年轻人中"月光族"占了70％－80％之多，"现在我毕业两年了，手里一点积蓄也没有，有时候遇到事情连自己也顾不了，更不用说给家里分担了，现在有的朋友都已经把结婚写进自己的日程了，而我还想都不敢想。"据调查发现很多年轻人在"月光"了一两年之后都会后悔。在周围的朋友都逐渐买房买车准备成家的时候，自己却还没有存款。"现在真是后悔当初没有合理安排自己的工资，只图一时消费的痛快。"

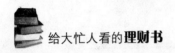

最常用存款方法的几种技巧

我国居民中很大一部分都选择储蓄这种方法来处理自己的钱财。但是调查发现，实际上很多人不会利用银行提供的存款方式来处理自己的存款。现在储蓄利息很低，但还是有很多人选择银行储蓄，所以选择一种适合自己的储蓄方式就更加必要了。

（1）定活两便储蓄法

如果手上有一笔资金近期内不打算使用，但是又不能确定使用的具体日期，此时你可以选择定活两便储蓄这种储蓄方法。当你这笔资金在 5000 元以上时，建议你开一个个人通知存款存折，这种方法更为理想。通知存款是一种很受欢迎的特色储种，它的方便之处在于存入时不需约定存期，而支取时提前一天或七天通知存款便可，这种灵活的方法被称为一天通知存款和七天通知存款，它还有另外一个优势就是它的利息远远高于活期利息。

（2）零存整取法

对于平时收入不高，又想在平时有计划地将小额结余汇聚成一笔较大的款项，以备日后所用的人，可以开一个零存整取定期储蓄账户，它可以"提醒"你每月按时存款，帮助你积零成整。对于"月光族"来说，最适合的是零存整取。这种方法就是每月固定存相同数额的钱，可以说是一种强制存款的方法，一般 5 元起存，存期分 1 年、2 年、3 年，存款金额由储户自己定。中途如有漏存，应在次月补齐，如果没有补存，那么到期支取时按实存金额和实际存期，以支取日银行公告的活期利率计算利息。建议那些不想做"月光族"的朋友可以开一个零存整取账户，养成储蓄的好习惯，控制自己的消费欲望，做一个理性消费者，摆脱"月光"的苦恼。久而久之，自己就会有一笔不小的存款了。

（3）整存整取定期储蓄法

如果你现在手上有一笔资金，但是在较长时间里不打算使用，此时可以选择整存整取定期储蓄法，这种方法能获得相对较高的利息。目前，各大银行一般都设置了3个月、6个月、1年、2年、3年和5年六档存期。你可以先估计一下自己使用资金的大概时间，然后确定存期的长短。如果存期过长，遇到突发事情需要提前支取时，存款将按活期利率计息，使你损失不少利息；如果存期过短，利率会低于长期利率，这也达不到预期的保值增值目的。

（4）储蓄应约定自动转存

目前银行为了适应各个群体的需求，都推出了自动转存服务。所以你在储蓄时，应与银行约定进行自动转存。这样做避免了存款到期后不及时转存，逾期部分按活期计息的损失。另外，如果存款到期后不久，遇到利率下调，而你没有约定自动转存，再存时就要按下调后的利率计息，在约定好自动转存后，就能按下调前较高的利息计息。如存款到期后利率上调，那你可以取出存款后再存，此时就会按上调后较高的利息计算。

（5）存本取息定期储蓄法

如果现在你手上有一笔很大金额的资金，并希望在不动用这笔资金的前提下，每月按期获取利息用来满足日常开销，那么，最适合的品种无疑是存本取息定期储蓄。有三年期与五年期两种可供选择。如果你在办理了定期储蓄存款以后，又遇有急事需要提前支取，此时可采取部分提前支取的方法，以减少利息损失，办理部分提取手续后，未提取部分仍可按原存单的存入日期、原利率、原到期日计算利息。根据现行储蓄条例规定，只有定期储蓄存款（包括通知存款）才可以办理部分提前支取，其余储蓄品种不能办理，部分提前支取相当于定期提前支取，需要带上有效证件，而且部分提前支取只有一次机会，不能随意提前支取。

（6）组合储蓄法

每个人的收支情况不一样，家庭情况也不一样，所以个人可以根据自己的实际情况来选择适合自己的储蓄组合，比如采用存本取息和

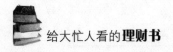

零存整取组合的方式来储蓄。具体选择哪些储蓄方法来组合，根据自己情况自由安排。

除此以外，我们还可以有其他的储蓄法，如月月储蓄法、阶梯储蓄法、巧用通知存款法等，其目的都是一致的——那就是快快把我们的钱存起来！

（1）阶梯储蓄法

把自己的资金分成若干份，然后分别存在同一账户或不同的账户里，并设定成不同存期的储蓄方法，就是阶梯储蓄法。存款的期限最好是选择成逐年递增的方式，阶梯储蓄法的好处就是既能够获取高息，又不会影响到资金的灵活使用。

例如，你打算储蓄 5 万元的话，可以把钱分成 5 个 1 万元，分别开设出 1—5 年期的存单各 1 个。1 年以后，用到期的 1 万元，再去开设 1 个 5 年期的存单，依此类推，5 年以后，手中所持有的存单就全部都是 5 年期的了，只是到期的年限会不相同，依次会相差 1 年。

因为每年都会有 1 万元会到期，那么每年需要钱的话，你都只动一个账户就可以了，可以有效避免提前支取所带来的利息损失，这种储蓄方法既能够跟上利率的调整，又能够获得五年期存款的高利息，保守型家庭中长期投资常会选用这种方法。

（2）月月储蓄法

这是一种与阶梯储蓄法相类似的存款方法，月月储蓄法又被称作是 12 张存单法，月月储蓄法其实就是阶梯储蓄法的延伸与拓展，既能很好地聚集资金，又能做到较大限度的发挥储蓄的灵活性，即使急需用钱，也不会有利息损失。

例如，你每个月收入 2000 元，固定每月拿出 500 元进行储蓄，当连续存足一年以后，你的手里就已经握有 12 张存单了，等第一张存单到期时，把第一张存单的利息和本金取出，与第二年第一个月要存的 500 元进行相加，然后再存为 1 年期的定期存单，这样下去，你手中时时都会握有 12 张存单，一旦需要着急用钱的时候，就可以将

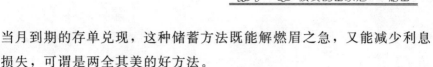

当月到期的存单兑现，这种储蓄方法既能解燃眉之急，又能减少利息损失，可谓是两全其美的好方法。

（3）巧用通知存款法

通知存款法很适合资金需要保持流动性的人。假如你现在有 10 万元现金，由于近期要支付住房的贷款，但又不想简简单单存个活期损失利息，这时你就可以考虑存 7 天通知存款。这种存款的方法既保证了用钱之需，还可以享受 1.62％的利息，这是 0.72％的活期利率的 2.25 倍。由于通知存款在指定的时间之前就要前去支取，因此操作起来有一些麻烦。

理财提醒：如果投资者购买的是 7 天通知存款，若投资者在向银行发出支取通知后，未满 7 天即前往支取，则支取金额的利息按照活期存款利率计算；办理通知手续后逾期支取的，支取部分也要按活期存款利率计息；支取金额不足或超过约定金额的，不足或超过部分按活期存款利率计息；支取金额不足最低支取金额的，按活期存款利率计息；办理通知手续而不支取或在通知期限内取消通知的，通知期限内不计息。关键是存款的支取时间、方式和金额都要与事先的约定一致，才能保证预期利息不会遭到损失。

（4）利滚利存款法

所谓的利滚利存款法，就是零存整取与存本取息两种完美结合的一种储蓄方法。

例如，你现在有 2 万元的存款，你就先把它存为存本取息储蓄，等一个月以后，把存本取息储蓄的第一个月利息取出，再把取出的这第一个月利息开成一个零存整取储蓄户，之后每月把利息取出以后，都存到零存整取储蓄户里面，这样的话你既得到了利息，同时又通过零存整取储蓄让利息再生利息，这种储蓄方法的好处，就是能够让一笔钱取得两份利息，只要你能长期坚持下去的话，就会有不错的回报。

由此可见，利滚利存款法可以使大家获得比较高的存款利息，只

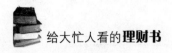

是需要大家经常的出入银行，不过看在钱的面子上，多跑几趟也值了！

4. 储蓄坏习惯吞噬财富

在生活中，几乎所有人都习惯用收入扣掉花费的钱，把剩下的钱才用来储蓄。这是一个很不好的习惯，因为这样在日常生活中的支出会慢慢变大，最终储蓄能会相应地减小。要想在储蓄中积累财富，就要找到一个合适的解决方法。而一个好的储蓄习惯，不仅可以给你带来财富，更能让你养成一种节约的好习惯，一个好的生活习惯会影响一个人的一生，令你受益终生。

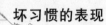
坏习惯的表现

要想摆脱坏习惯，就要找到问题所在，这样才能改正错误。在储蓄坏习惯中，有两种储蓄方法都是不可取的，分别是过度消费者和过度储蓄者，因为这些方法没有起到储蓄的本质作用，反而会让你的财富在无形中流失。这两种人的储蓄上特点，也是各不相同的，分别为以下几种。

（1）过度消费者的特点：

① 总是喜欢追求或炫耀自己的某种消费模式；

② 过度消费，总是在无时无刻不担忧自己的经济状况，有时候甚至会影响到自己的工作和生活；

③ 通过花钱控制自己的焦虑、烦躁、愤怒、紧张等，通过消费来宣泄自己的情绪；

④ 有很强的消费欲望，而且有时这样的欲望甚至会远远超出自己的偿还能力。

（2）过度储蓄者的特点：

① 储蓄过于集中，如把一笔 10 万元的钱全部都存到一个存单上，

是一年期整存整取，而因为生活中有意外发生，要急需 5 万元，就只能是从这个存单中提取自己需要的 5 万元，而剩下的 5 万元也只能是按活期利息来计算了；

② 储蓄过于单一，如李女士的很多同事现在都去买基金，还赚了不少钱，李女士就把自己的所有储蓄用来买基金了，这样的做法是很不明智的，因为如果自己买的基金没有给自己赚到钱，反而赔了钱，那就会得不偿失；

③ 总是用钱来消除潜在的恐惧；

④ 经常担忧自己的财务状况；

⑤ 把钱放到自己家的饼干盒、衣袋、抽屉或保险箱中；

⑥ 在观念中，认为所有的投资都会给自己带来没有必要承受的压力，即便是这种投资的风险很低；

⑦ 尽自己最大的努力来拒绝生活中的任何消费，甚至是必须和合理的消费。

第十二章
我的地盘我做主——创业者理财

俗话说："吃不穷，穿不穷，不会算计一世穷。"人只有两只脚，但钱却有四只脚，钱永远跑得比人快，所以，人追钱可能赶不上，用钱追钱却易如反掌。要想钱追钱，对于创业者来说，最简单的就是从企业理财做起。

1. 你到底能承担多少风险

开创自己的企业，带来的回报是非常诱人的，但其中的风险也是不可避免的。也许以前你是公司里的经纪人，曾经掌控着大笔资金、众多员工和产品或服务的重大决策。但是，创业是要拿自己的钱去冒险，这和拿公司的钱去冒险全然是两码事。所以在创业之前必须评估一下自己到底能承担多少风险。

风险是什么呢？创业风险就是指人才在创业中存在的风险，即由于创业环境的不确定性，创业机会与创业企业的复杂性，创业者、创业团队与创业投资者的能力与实力的有限性，而导致创业活动偏离预期目标的可能性及其后果。

理财方程式：安全理财＝衡量能力＋风险管理＋适度投资

制胜要点：创业理财能力的培养并不是要培养百万富翁、亿万富翁，而是要教给创业者一种科学、有效的管理金钱的理念。

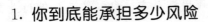

评估风险，做好应对措施

创业之前要认真评估自己的经济实力和健康状况，要学会对经营环节进行风险评估。做好创业计划书，不能总考虑好的方面，要留有余地，对可能出现的风险要做出明确的认识和制定预防措施。

（1）学会分析风险：

① 创业一旦失败，所造成的损失自己是否能够承担？

② 投资款一旦到期无法挽回，可能有多大的经济损失？

③ 资金一旦周转不良，对正常经营会造成哪些影响？

④ 承担创业风险机会的成本有多大？

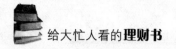

（2）审视自己是否具备创业的条件：

① 企业的开业项目，是否经过深思熟虑？

② 有足够的开业资金，家人是否支持？

（3）开业准备工作要踏踏实实、有计划地去做。

创业首要选对项目，不管在哪里涉及衣、食、住、行的行业都是很多人会投资的版块，但是正因为如此，这些行业大街小巷随处可见，竞争非常激烈，创业成功难度很大。

真正的好项目应具备 3 点要素：市场竞争小、市场潜力大、培养时间短盈利快。

很多人在创业之初，考虑创业风险时第一反应就是考虑项目的风险，往往忽略了一个将直接影响创业项目发展的重要因素——资金流动性风险。所谓资金流动性风险，指的是创业者在寻找项目的周期、开始创业项目的阶段以及开发市场的时候，都必须要有足够的资金支撑。而这一段时间，恰好是对创业者理财能力的极大考验。

具有理财能力的人的做法是，在对投资项目进行分析的过程中，不断对自己的资金进行审视。创业无论出于什么原因，什么动机。都将面临一些实际问题：拿自己的积蓄去冒可能失败的风险；长时间无休息地工作；为发工资和债务担忧以及要去做许多自己并不喜欢做的事情。当然你也能得到回报：获得利润，自己可以做主；自己的命运自己把握；得到威信和尊敬……所以，创业之前一定要权衡好利弊再做决定，做好心理和金钱的准备。意识上的风险是创业团队最内在的风险。这种风险来自于无形，却有强大的毁灭力。

2. 选择适合自己的创业模式

对于创业者来说，寻找一个好的创业模式是第一重要的。好的模式并不是说必须具有独特性和创新性，一个真正好的模式，应该是适合自己，自己有能力操作，有发展前景，如何有效地利用自己手头与他人的资金是衡量一个好的模式的重要标准。

五种创业模式的资金与风险

（1）网上创业

随着网络的广泛应用，网上开店、网上办公司等利用网络来赚钱的方式越来越成为人们创造财富的一种手段。在网上创业成本小，方式灵活，特别适合初涉商海的创业者。

（2）加盟创业

连锁加盟被许多创业者所青睐，它最大的特点是利益共享，风险共担。创业者只需支付一定的加盟费，就可以用加盟商的招牌，并利用现成的商品和市场资源，创业风险较低。

（3）兼职创业

对不想放弃现在的工作而又不想放弃自己理想的上班族来说，这是个好的选择。对创业者的精力、体力都是极大的考验。

（4）概念创业

这种创业方式适合没有很多资源的创业者，利用独特的创意来获得成功。但也必须具有管理能力、市场经验等。

（5）常规创业

这种创业方式比较普遍，开创自己的公司、店面、工厂等。投资额越大，风险也就越大。

要根据你的个人综合情况和特长来选择创业模式，千万不要做自己不熟悉的产品或服务，把和市场的发展需求结合起来，另外掌握好人的使用，无论是合作伙伴还是员工和朋友，一切以生意和创业的发展前景为评判标准，不能掺杂太多的个人情感。

也许有的人创业失败了，失败的原因在于决策上，没有坚持做自己最擅长的服务和产品；或者是相信错了人，特别是你最依赖和信任的人。创业的时候，你更加需要有冷静和客观的心态，不能依靠太多的情感来做事。

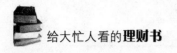

好的项目、好的模式有许多，关键是要选择一个适合自己的。

3. 创业初期如何筹资

资金是创业的第一步，没有足够的资金就无法踏出实现自己抱负的第一步，启动资金越充分越好，因为经营启动后可能会遇到资金周转困难的情况。特别是刚起步而又达不到具有根基的商人的能力时，这种可能性更大，可以边经营边筹划资金。如果准备资金不到位，就可能因一笔微不足道的资金，弄垮你刚刚起步的事业。因此，要充分准备好启动资金，做好资金的统筹安排，力求把风险降到最低程度。

筹资的艺术

美国造船大王路维格，在创业初期两手空空，可是他成功地运用了筹资艺术，终于跻身全球富豪之列。他打算把一艘货船买下来，改成邮轮，因为载油比载货更能获利，他找了几家银行协商借钱的事。他对银行说，他可以用一艘老油轮来抵押，而油轮租给石油公司，他可以把租契交给银行，银行可以去跟石油公司收租金，而每月的租金，正好够每月分期还他要借的这笔钱。路维格的精明之处在于，他本身的信用也许并不可靠，但他懂得利用石油公司的信用借到自己急需的钱。

他利用银行借给他的钱，买了货轮，改装成油轮租了出去，接着再利用它贷了另一笔款。这种情形持续几年之后，路维格终于成了一条船的主人，租金不用再被银行拿去了。

后来，路维格又想出一个筹资的方法，他设计了一艘船，找了一个愿意在船完工之后租用它的人，他利用这份租契约又去银行借钱造船。这次贷款是延期分期摊还，银行要在船下水之后才可以收钱。和上面的方式一样，最后，路维格一分钱也没花就成了船王。

路维格发明的这种贷款方式，又用来租码头和船坞，他的造船公司就这样飞速地发展起来。

四种解决资金的方式

（1）依靠自有资金起步

许多著名的企业家都是用手头仅有的一点资金开始创业，然后一步步地壮大。在创业初期发展速度虽然慢一些，但可以不用担心财务风险。身价在"10亿美元"以上的 497 名富豪中，有 237 名是白手起家。只要善于把握时机，勇于创新和开拓，就一样可以成功。

（2）向他人借贷

可以向亲戚朋友借款。这就需要让他相信你有能力成功，让他们愿意借钱给你或入股。

（3）合伙创业

和朋友一起开办企业，每个人都投资几万元，那样聚集的资金就不少了，提高了投资额，成功的可能性就会大些。

（4）向银行贷款

向银行贷款的程序冗长、审批复杂、融资成本高。贷款本身不是目的，重要的是项目投资收益，能保证按时还本付息。贷款不能延期更不能欠息，否则，就会失去信用，商人立足于商业界最重要的就是商业信用。

创业者可以选择不同的筹资方式，选择出适合自己的筹资组合，来降低获得资金的成本，也可以利用其他筹资渠道。特别要注意资金使用风险，不可将你所用的资金全都投入到一个项目中去，要将资金分散开来投资，要在保证投资收益的同时，尽可能地降低风险，例如，把资金分三块使用：一块用来投资项目；一块用作项目备用金；一块用于风险较低的储蓄或股票等投资。创业是人生中的一件大事，创业者在起步之前要冷静地思考，做好充分的准备，这往往比创业后的努力更重要。

第十三章
理性消费，才能避开雷区

小时候，能吃上一根 5 分钱的小豆冰糕已经是很多孩子的梦想了，因为许多孩子仅仅能吃上 3 分钱的普通冰棍。而如今，各种冰淇淋比比皆是，夹心的、奶油的、巧克力的、水果的……样式繁多，应有尽有，一根哈根达斯甚至上百元，但却没有了儿时的那种味道和渴望。

随着社会的发展，经济水平的提高，人们的消费观念也正在经历着变迁，原因何在？钱多了，生活富裕了，而人的欲望又是无穷无尽的，想要得到的东西会越来越多，想要尝试的新鲜事物也越来越多。

每当提起理财，相当一部分人马上就会联想到"投资"，因为这个词汇好像生来就与"赚钱"有着某种渊源。理财的目的是教人怎样好好地生活，赚钱绝不是终极目标。那么好好生活的含义是什么呢？从经济的角度看，好好生活的基础应该是理性消费，也就是说理财的基础是理性消费，只有理性消费，才能保住财流，跳过理财误区。

1. 买房还是租房

有人说，租房是为别人打工，而贷款买房则是为自己打工。还有人说，贷款买房是为银行打工，租房是为地产商打工，很多人天天勒紧裤腰带，月月都为"月供"而发愁。其实，是租房还是买房，取决于你的生活方式，租房和买房哪个合算，不能光算经济账，还要算生活账。你所选择的不仅是一种生活态度，也是一种理财之道。下面的内容也许能让你在买房与租房间选择适合自己的生活方式。

哪些人适合租房，哪些人适合买房？租房或买房，到底孰亏孰赢？哪个更合算？

不是所有人都适合按揭买房

据统计，我国城镇家庭住房自有率为 80％，农村为 100％，高居世界首位。在发达国家，居民平均住房自有率仅为 50％ 左右，美国是 65.5％、瑞士是 42％、英国是 46％。另外，资料还显示，在欧美及东南亚各地区，并不是一开始上班就去购产权房，流行的住房时尚是先租房后买房的"梯度住房消费"模式。这种方式是目前市场经济社会中最被提倡的住房消费观念。

为了追赶"时尚"，一部分人不管自己的经济实力允不允许，加入买房一族。于是背负着银行贷款，供养着又爱又恨的房子，逐渐沦为房奴。

例如，李明结婚时（2002 年）在上海买了一套 126 平方米的三室一厅住房，总价 40.32 万元，在父母的帮助下首付了 10.32 万元，贷款 30 万元，15 年还清，每月还贷 2380 元。但现在李明要把自己家仅

241

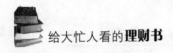

有的一套房子卖掉，去租房。这个想法似乎有点不合常理。他的想法很简单，近几年房价上涨，对于像他这样的工薪族来说，再买一套自己心仪的房子是不可能的。但如果把自己的这套房子卖掉，就有一笔流动资金。这样做不仅可以利用其他方式赚到不小的一笔钱，而且不用再还银行的房贷。

现在大部分青年人买了房子之后，所有的业余爱好都成了一种奢侈，房子把那些"房奴"压得透不过气来。而且为了一套房子，除了付出这些代价外，你还将面对加息的风险、持有成本的提高和楼市本身的风险等。楼市如股市，有涨有跌，这是铁的规律。等到房价下跌的时候，即使你急需用钱，这套耗费了你半辈子心血的房子也许已经不值钱了。所以在买房之前要根据自己的实际情况好好计算一下。

也有一些人认为，租的房子不管住多久永远也没有家的感觉。但是你必须想到：买房有了自己的家，改善了居住条件，但是要合乎自己的许多爱好兴趣，会让自己每天都过得非常清苦。现在租房子已经成了一种常态，租房也是改变居住条件的途径，也可以过得美满。

一些发达国家和地区，许多人都没有属于自己的房产，他们是长时间居住在租来的房子里。他们认为，病了有医疗保险，老了就住养老院，这样可以在能享受的时候尽情享受，不必为了一套房子累死累活。

适合选择租房的三类人

专家指出，下面的三种人适合租房：

（1）刚毕业的年轻人

这些人基本都是初入职场，大部分买房的首付都是父母提供的。但刚工作的年轻人月收入在 3000 元左右，除掉生活费，余额约为 1500 元。而让父母把钱花在买房上，无论从道义还是风险上都不是那么合理的。

（2）工作不稳定的人群

现在换工作、跳槽成了年轻人的家常便饭，工作还不稳定，如果买房，工作一旦变动，单位与居住的地方较远，就要在交通方面增加一些负担。

（3）收入不稳定的人群

目前，贷款利率已数次上调，贷款人的经济负担增加，少则几十元，多则上千元。如果不结合实际考虑经济条件，一味盲目贷款买房，一旦难以还贷，有可能房产被银行没收。

是租房还是买房，不仅取决于你自己的生活方式，还要全面考虑生活、工作、将来或现在子女培养、教育等方面的需要。工作、生活不稳定时，租房可作为更多年轻人的选择。

2. 精打细算入洞房

结婚，不仅是一种爱的回归，更是对温馨家庭的热切渴望。对于刚工作不久，而又计划和心爱的人步入殿堂的年轻人来说，如何解决婚姻的财务问题，让很多准备结婚的年轻人陷入了困境。

结婚时如果理财不当，会让新生活一开始，就为还债而伤脑筋。

婚前理性消费

结婚是人生当中的头等大事，但这对每个家庭来说都是一笔不小的开支。只要做好合理的规划，也是可以减小结婚带来的经济压力的。

（1）婚纱照。婚纱照是每一对新人结合的最美丽见证和第一个印记。在拍婚纱照之前，建议咨询一下周围已婚的亲戚朋友，再从中去选择最合适自己的。

（2）新婚购物。结婚所需的物品，要列一个清单，防止冲动消费。对采购的物品定一个心理价位，让购物变得有目标性，免得超支。

（3）做一下回收预算。估算一下喜宴的桌次和回收金额。新人可

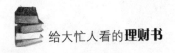

以这笔金额为基准，做好开销规划。

（4）最大的消费——喜宴。这应该提早开始准备的，要多参考几家饭店的价格。

（5）结婚日子。现在结婚都讲究挑个好日子，例如 8 号、18 号等，谐音"发"。其实结婚又不是做生意，发不发并不是主要问题，只要新人幸福。这些"好日子"里，结婚的人多，酒店就不会有优惠。聪明的新人可以选择自己的生日，或是其他的纪念日，避开结婚高峰期。酒店就会有折扣，酒席花费就会省下不少。

（6）婚庆公司。婚庆公司提供的录像服务，按小时计算。新人要安排好拍摄路程和路线，可以省下不少的拍摄费。其实没有必要把所有事都包给婚庆公司，有些事可以自己做。对于婚车也没必要一整天都租下来，如果选择"小时计费"，也能省下不少的费用。

（7）蜜月旅行。如果还有礼金剩余，新人可以蜜月旅行。这也要做好精心规划，如，哪些地方有打折的信息，附近有什么优惠的用餐及住宿的酒店等。

婚后量入为出

在结婚后，不仅是两个独立生命体结合，也是两种独立理财的合并。理财成了夫妻双方共同的责任。对于新婚家庭的每一对夫妇来说，如何面对家庭理财确实是一个大问题。那么，怎样才能根据双方的实际情况，建立起合理的家庭理财制度，把家庭稳定的收入由小变大，起到保值增值的作用呢？下面的建议大家可以参考一下。

首先，计划好生育下一代的时间。计算好即将出生孩子的生活和教育方面的开支，做好适当的储蓄，定下大概的生育时间。

其次，在不影响家庭正常生活的条件下，可以进行一些大胆的投资，但不要超过家庭资产的 1/3。例如国债，它是最稳妥的理财方式之一，考虑到不交利息税、提前支取可按相应利率档次计息等优势。一定要拒绝风险大的投资。

3. 买车，你得有所准备

放眼望去，身边越来越多的朋友都成了有车一族，在朋友对自己的车津津有味地谈论时，也开始想拥有自己的爱车，但是买车不是个小事，它要花去你辛辛苦苦努力了几年才攒下的储蓄，所以在买车之前你一定要做好买车的准备，学习和了解相关的知识，避免花去冤枉钱。

新车省钱方法：

（1）确定价格底线

一般来说，人们在买车之前总会定出一个大体的价格范围，也就是心理价位，然后在一些价格相近的车型中寻找最适合自己的车。所以买车之前要从多种渠道了解车的价格，报纸、杂志、网络及同事、朋友都是消息的来源，根据得到的信息，你甚至可以提出一个更低的价格作为参考，同时也要了解自己目标车辆的缺点以及竞争对手车辆的优点，这都会为你在争取最低的价格时有所帮助。功课做足后，就可以去4s店看车了。

（2）关于赠品

在谈车价时一定不要提及赠品，谈车就是谈车，车价谈好了再谈赠品，在选赠品时也需要了解哪些赠品是有价值的，有些虽然送你很多的赠品，但对你来说都没有价值或是根本用不上，不能只关注数量而不去计较质量。应先从大头说起，比如贴膜、真皮座套、GPS、地盘装甲，然后才是踏板、脚垫、挡泥板之类。了解赠品行情的目的是在必要之时再为自己赢得利益。

（3）耐心等待促销

这比较适合有耐性的朋友，如果你是性急的人就不要采用这一方式了，等待需要有耐心，在看到别人已经开上了自己心仪的爱车的时候要做到沉得住气。在汽车圈里常说一个词叫作持币待购，大多指的是新车旧车加一块多得让消费者眼花缭乱无从选择，或者是指车价三

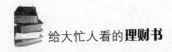
天一促销五天一降价，让消费者不会轻易出手，这可不是消费者优柔寡断，真的是市场太过瞬息万变了。如果你不是太急于用车，可以耐心地观察和留意市场变化，如果不是"偶像派"加"实力派"且销售成绩一直蝉联冠军的车型，多半都会在价格上或促销上做点动作，这个时候如果这些竞争车型里有你以前钟意了好久，但因为贵没买的，就可以考虑买了。

（4）仔细筛选实用配置

对于众多的豪华配置，买家是要明显地多花费一些时间，看一看同样车款、同样排量下不同版本的价格差。在买车时也要关注一些细节，对于高端品牌由于没有其他不同配置的比较，很难看出哪些设备是多花了钱。但买中低档车时，朋友们就得十分小心地加以比较，避免花费不必要的资金，可以为你省下不少钱。

（5）新开业或地理位置较偏的店优惠多

新建立的4S店一般知道的人不是很多，名气也不是很大，所以他们为了宣传和推广自己，一般都会给消费者一些实惠，从而给消费者留个好印象。而地理位置差一点的店，人气可能稍微受一些影响，所以一般来到这种店实惠可能会更多一些，即便是一些不会轻易降价的品牌在这里你也可能会以优惠的价格买回去。

4. 揭开打折的面纱

打折，真的能省钱吗？当人们兴高采烈地花钱买打折的商品时，有没有意识到自己把自己"买"向贫困线？而这些零售商店主们却正收获着前所未有的利润呢？许多商场门前都挂着若干"大减价"、"低至2折"等红色招牌，吸引消费者的眼球和钱袋。

欺骗性的打折

近年来，大商场不断增多，彼此间竞争也日趋激烈，各大商场在店庆、节假日纷纷打出"打折让利"、"满××返现金××或送礼券"等活动。对于"打折"和"送礼券"，消费者一定要对商场的大减价保持警惕：是不是提价之后再打折？虽然商场都坚持价格打折、信誉不打折的宗旨，对品牌供应商都做出了严格的要求，申明保证降价真实可靠，但消费者仍然应当擦亮自己的眼睛，货比三家，提防个别商家以劣充优的欺骗行为，顾惜自己的腰包。消费者应该学会更聪明地购物，而不是更便宜地购物。

有些商品打折分为三步定价，相应折扣也不同。

第一步，刚上市时价格偏高，这是针对"价格不敏感人士"，这样可以先赚一笔超额利润。

第二步，在过了大概半个月到1个月后开始打折，这时一般仅打8－9折。

第三步，在过了两三个月后，过季服装一般打7折，如果还没有清仓完，商家就会打出打2折或3折等，但这些服装很可能存在一定的问题。

这就是打折三步曲。现实生活中也存在这样的情况，同样的商品在专卖店和在商场的价格存在差异，打折幅度不一。对这样的现象，让许多消费者甚为迷茫。有关人士解释说专卖店是公司自己的直销店可以便宜，而商场经营的费用比较高，所以要摊在商品的售价上。

对消费者的提示：

第一，消费者不要被价格调高后的"假打折"迷住了双眼。

第二，没有事先明示商品有质量问题而处理的商品，消费者对打折商品仍然要"三包"，在购买时需索取并保存好票据。

第三，消费者购买打折商品时，一定要查看商品的合格证、保质期、生产厂家等，以防买到假冒商品。

第四，为防商家低价进货，高价打折，消费者要货比三家。

第五，对商家的赠品或奖品，影响人身健康的物品消费者应该注意商品标识。对奖品或赠品也实行"三包"，发现质量问题可向有关

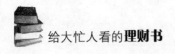

部门投诉。

第六，在购买时也可请专业人士帮忙鉴别。防止有些商品价格虽然低，但质量很差。

所谓的打折促销只不过是一种手段，一种商家、厂家和消费者之间的智力较量，更是商场和厂家之间的实力博弈。消费者不要掉进打折的陷阱，不要因打折而盲目心动，随之出现了不理性的消费。

5. 天下没有免费的午餐

一个人有多少财富，不在于你每个月，每年能赚多少钱，而在于你会不会理财。如果你会理财并且是理财的能手，那么你就会更有钱。因为会理财的人不是只把钱看成钱，而是把钱看成是给自己带来财富的工具。如果你正处在理财的新阶段或者正在理财的开始时期，那么也可以说你是聪明的，因为你的钱至少也是在流动的，在滋生的，而不是死的；如果你完全不想理财，也没有要理财的准备和想法，那么你的钱也就只能等着你把它消费掉，或者等到贬值。生活中的你，是怎么做的呢？

当心免费的"陷阱"

"理财"一词已经被越来越多的人所追求。人人都在为自己的生活增值，各个银行也在追赶人们的脚步，相应地为更多的人提供理财的方式和途径。目前各个银行为了赢得更多的客户，相继推出了各式各样的"免费"活动。面对这些让人眼花缭乱的"免费午餐"到底是该不该吃呢？不少人都在为此苦恼。

市场上"买一送一"的活动越来越多，商场里如此，各个银行也是如此。随着经济压力的不断增大，在激烈的竞争下，某保险公司开办了"买一赠一"的增保活动，当然这也是营销的一种，确实让不少人走进了这个旋涡，50多岁的刘大爷就是其中之一。冲着"买一赠一"的优惠，刘大爷在某保险公司为自己购买了养老金产品，银行随即赠给刘大爷一份长达 3 年的意外险保单，刘大爷就把这份长达 3 年的意外险保单给了自己的儿子。刘大爷在获取保单时对于赠品的条款并不是很清楚，银行代理人也并没有向刘大爷解释清楚条款的内容，所以到后来刘大爷的儿子的腿摔伤后他才知道自己是受骗了。原来刘大爷当时买保险时，银行送给他的只是人身死亡保险，只有在被担保的客户发生意外导致死亡时，保险公司才会赔偿。这并不是基本的人身安全保险，对于被担保的保险人发生意外事故导致受伤的情况是不予赔偿的，所以，"免费的午餐"还是有一点儿陷阱的。

胡女士家的小区附近有一家美容院，看着天天进进出出的人挺多，自己也曾心动，但一直没有行动，原因是听说里面的服务费高得惊人。一次，胡女士听别人说美容院里在做活动，免费做脸部护理。胡女士就感觉这是一次机会，于是就兴致高涨地去了。可是美容院的人做完胡女士的半张脸后就说不能做另外的那半张脸，原因是活动只做半边的。胡女士很愤怒，可是脸被泾渭分明地划成了两块，左边一半蜡黄中透着些粉嫩，右边一半则煞白得厉害，根本就没办法出门，所以不得不再花 800 多元钱给自己的另一边脸做了美容。

理智消费，自己的财产更有保障

有些商家虽然故布迷阵，但是作为消费者，我们也要负一定的责任。每个人都有贪小便宜的心理，那些商家就是运用了客户这方面的心理而大大地诱惑客户。天下没有免费的午餐，即使有，我们也应该看看是不是有陷阱。现在所谓的"免费"，只不过是变成了"免费享受在前，钱包吃亏在后"。最近几年有很多商家为了招揽更多的顾客，大肆地在市面上做广告说自己的商品是免费的。如果你真的去体验了就会知道，免费午餐是不存在的。到最后吃亏的还会是自己的钱包。所以，在市场消费时，一定要理性对待这种"免费午餐"，坚决不能为了小利益而落入陷阱。

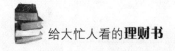

目前有不少网民发现各个网站发行了免费业务、免费使用等活动。也有不少网民对此"免费"表现出了浓厚的兴趣，纷纷加入此活动。当然也有一些明智的网民在想尝试的同时提防着"免费"中会出现的"陷阱"。所以，理财专家在此提醒大家，面对市场上或者网上的各种免费服务或物品还是理智消费比较重要。有的东西真假很难分辨。所以，理智消费，要抵挡诱惑，这样财产才能有保障。

6. 学会"斤斤计较"

斤斤计较并不是抠门，而是为省钱而省钱；斤斤计较不仅是将不必要花的钱节省下来，将没必要浪费的资金省下，还是为了使自己的生活质量提高上去，使生活过得更安逸。斤斤计较也是一种学问，做不好就会变成吝啬、抠门的人；斤斤计较也是一种艺术，是为了让生活过得更好，更时尚的一种选择。

精打细算过日子

诚然，学会斤斤计较并不是做葛朗台，也不是守财奴，精打细算地生活，是为了追求更简单、健康的生活，在节约省钱之余，通过消费重点的转移达到更好配置金钱的效果。

看白领的"酷抠"生活。有这样的一批人：他们不打的，不"血拼"；不下馆子，不剩饭；家务坚持自己干——这是"酷抠族"奉行的行为准则。随着"酷抠族"的悄然出现，如今已有越来越多的都市青年学会了在生活上斤斤计较，不再大手大脚胡乱消费。

33岁的小张是一家网络公司的网络技术工程师，他最近刚刚带着自己的家人一起到欧洲游玩了一圈。其实像小张这种工薪阶层，要想带着自己的家人一起去国外游玩并不是一件容易的事，也不是一般工薪阶层敢想的，但是小张却做到了。究其原因，原来小张从两年前就开始在生活中精打细算，吃饭能不到外面就不到外面，买东西也是斤斤计较，没有必要的就不买，不再像以前那样大手大脚，经过两年的"酷抠"生活，小张积攒下了这笔去欧洲旅游的费用。

像小张这样的人非常多，他们通过自己生活中的精打细算，用钱上的斤斤计较使自己的生活都改善了不少，有些人还比同龄人提前买上了房子和车子，生活一步步得到了改善。

生活处处皆学问

不经意之间，你是否发现身边人的消费观念正在发生改变，他们开始为生活上的事斤斤计较，但却过上了优质的生活。他们事事斤斤计较，时常琢磨精打细算，以最少的钱让自己过上更好的生活。保持对生活的热爱，坚持追求一定的生活品质，学会"计算"生活，体会生活，从生活中找寻乐趣，别放纵自己，但也别亏待自己，这样的人生才是最精彩的。无论你从事何种职业，收入多少，要想做一个成功的人，必须要学会怎样理财，怎样花钱。

（1）非必要就坐公交车

一样的方便、一样的快捷，在没有必要的情况下可以考虑坐公交，节省开支。上下班时也可以采取步行或骑车的方式，既能锻炼身体又环保，如果单位实在离家较远，可以与附近的同事或熟人"拼车"上班。

（2）购物时要货比三家

现在的网络发达了，想要大批购物时可以先到网上了解一下各大商场同类商品的价格之后再出手，这样可能会让你有意想不到的收获。或者问一下身边的朋友看看谁有商场、餐厅的贵宾卡，能够享受到优惠活动和折扣。尤其是买家具之类的物品时，可以上网查一下是否有人也和你一样有这方面的需要，一起团购。这样既能为自己争取更多的利益还可以省钱，并且发生纠纷时也有同伴一起投诉。

（3）尽量和家人一起吃饭

有人说中国的文化是餐桌文化，也就是说中国人非常注重请客吃

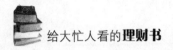

饭，大事小事都喜欢拿到餐桌上来讲，其实这种方式是完全没有必要的。如果可以，最好平时多和朋友走动一下，没必要一定用请客吃饭来解决，尽量避免在外面用餐，多和家人一起共享天伦之乐，既可以省钱又可以与家人增进感情。

（4）结婚个性婚纱照时尚省钱

爱情固然是最浪漫的事，但付款时的真金白银也是很现实的。拍婚纱照并不一定非要在品牌影楼拍照，可以根据自己的心理价位定一个预算，并在影楼之间"货比三家"，选择一个适合自己个性的风格，风格定了再看价格。现在很多影楼都推出了个性化婚纱照，既好看又省钱，还别有个性。

（5）使用银行卡要学会"斤斤计较"

几乎人人手提包里放满了各式的银行卡，在用银行卡消费时，对于单笔的银行卡使用费用，也许有一些人会觉得没有必要斤斤计较，但在频繁的使用中，银行卡费用支出的合计数就不是一笔小钱了。因此，持卡人要懂得如何节约银行卡的使用成本。如果使用巧妙，信用卡的信用额度足够帮你渡过阶段性的资金困难。巧用银行卡也可以使你的生活质量得到提高。

7. 做好收支预算管理

不管你现在是单身还是已婚，都应该制订一套长远的财务计划，打造自己美丽的人生，而管理财富的第一步，就是检视自己的收支状况！制订出个人的收支预算表，管理好自己的收支预算。个人收支预算是一个人简单地收入、消费、预算记录和统计，记录你在某天的消费（收入或预算）情况，使得你可以很方便地根据时间消费分类来查看你某个时间段某类项目的消费情况。从而使你可以清楚地了解你的消费习惯，帮助你改进自己的消费方式，以节省不必要的开支。同时还可以帮你了解自己的资金状况，为以后的消费做好规划。

生活需要规划

世上最痛苦的事就是手心向上的日子，相信世上每一个人都不愿意过那样的日子。拿别人的钱，就会受制于人；受制于人，就必须强迫自己去做自己非心甘情愿的事情。因此，聪明的人就应该学会打造自己的黄金储蓄。这个黄金储蓄的存折内容可能是现金、保单存款、房地产，或是共同基金账户。当你的人生需要金钱时，黄金存折内的资产随时可以派上用场。要想知道如何打造自己的黄金储蓄，就要规划好你的收支预算。

张小姐是一名典型的都市女性，工作有一两年了，积蓄无多，男友也是类似的情况。最近总是感慨不知道这几年赚的钱都花到哪儿了，不知道为何钱花得那么多。每个月结束时她和男友打电话给银行统计自己的银行卡使用情况，打出来的单子总是那么长，自己都不记得这些数字是为何支出的。对于怎样省钱，张小姐曾经用过一些方法，比如，出门时身上少带现金，既避免丢失又免得乱买东西。但是一有购物冲动，她就会掏出银行卡来刷。她也曾经一拿到奖金就存起来，不过最后还是会用掉。年纪不大不小的她已经面临着结婚的问题，这真是一个难题。于是她最近开始做起自己的收支预算管理来，想了解一下自己的财务状况。张小姐收入一般，也没有过多的外在收入。其实支出的项目也不是太广，女孩子每到换季时总要买一些衣服，所以一个月总要有这方面的一两笔开支。不过，每一次张小姐都拿定了主意只买一件新衣服，但在购物当中很难抑制自己的购物欲望，几乎每一次都超出了自己的预期。第二笔是吃饭费，虽然单位有食堂，可是她和同事经常一起出去在周围饭馆吃饭。再者，有些交际是难免的，经常要收到朋友请喝结婚喜酒的"红色罚单"，是不能不出也不好意思不出红包的。还有出去玩，每次的节目是唱歌、喝茶，当然也要花掉不少费用。另外一笔就是昂贵的交通费了。张小姐理清之后才恍然大悟：原来，费用主要还是在这些方面。张小姐下定决心

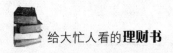

像过去的传统家庭那样进行"记账"，尽量把自己的主要费用都记下来，她现在也知道，其实最好的理财方法就是明白自己的支出，这样才能知道如何去安排自己的收入。

收支预算管理

（1）确定消费标准

很多人都没有金钱观念，赚多少就花多少，没钱了还有银行卡可以透支，花钱如流水，最后又都不知道把钱花到了哪里了。所以首先要了解自己的收入如何，然后根据自己的收入情况确定生活消费标准，按照这个标准去执行。比如买冰箱，同样的电器但消费价格却不一样，功能方面可能或多或少有些差别，这时就要考虑那些多余的冰箱功能自己是否用得上，如若对自己来说那些没有任何意义，就可以考虑选择适合自己的小品牌，选择功能简单的冰箱。

（2）每天做好收支报表

收支报表可以让你清楚地了解到每天自己的钱都花在了什么地方，心中有个概念，一个月下来，这时可以拿着清单看看自己是否有不需要消费的项目，引以为戒，吸取教训。

（3）定下严格的储蓄计划

为自己定下严格的储蓄计划，每月都要将部分薪资自动转存到固定的投资账户中，多年后财富累积的成效绝对会让你大吃一惊！但是，不同人也适用不同的存钱方式。保守型的人，可以运用储蓄险、定存或是债券型基金，来打造自己的黄金存折。冒险型的人就不需要再说了，他们都有自己的生财之道。有人说："学会花钱比学会挣钱还要难"，一个对存钱理财毫无计划的人，到最后只能比别人还要穷！

（4）培养自己的理财意识

每天做好收支报表、做好收支预算管理只是个开始，只有培养自己的理财意识，树立理财观念，才能做到理性消费，保住财流，跳过消费误区。

第十四章
你必须要遵守的理财原则

做任何事情都有特定的原则，当然，理财也不例外。理财是为人生"未雨绸缪"，良好的理财规划使我们的资产保值增值，使我们能从容面对人生的每一个阶段，使我们不会因为突如其来的变故而陷入生活危机。理财很简单，也很复杂，按规矩走路，才能走得更稳、更快。

说到理财的方法，本应是仁者见仁、智者见智的问题，但是对于很多刚刚开始理财的入门者，有些方法非常方便实用，如果掌握了这些基本的方法步骤，就是您成功的第一步。

经济效益法——绝对值：利润＝收入－成本；相对值：投资收益率＝利润/投资额×100％

安全性法——组合投资，分散风险，不要把全部鸡蛋放在同一个篮子里，也不要把全部篮子挑在一个肩膀上。

变现法——天有不测风云。

因人制宜法——环境、个性、偏好、年龄、职业、经历等。

终生理财法——一个人一生不同时期理财的需求不一样，因此必须考虑阶段性和延续性。

快乐理财法——投资理财的目的是为了生活得更美好，保持快乐的心情和健康的身体。

提高素质法——增强理财管理能力、资金运筹能力、风险投资意识，充实经济金融知识。

1. 原则一：恪守量入为出

现实生活中，无论你做什么事情都要坚守原则，特别是在理财方面。为了让"钱袋子"少缩水，为了晚年的幸福，为了长远的幸福，年轻时要在消费上做出牺牲。

向自己收取"按揭款"

以前有一位非常有钱的富翁，很多人都向他询问致富的方法。这位富翁就问他们："如果你有一个篮子，每天早上向篮子里放十个鸡蛋。当天吃掉九个鸡蛋，最后会如何呢?"有人回答说："迟早有一天篮子会被装得满满的，因为我们每天放在篮子里的鸡蛋比吃掉得要多一个。"富翁笑着说道："致富的首要原则就是在你的钱包里放进十个硬币，最多只能用掉九个。"

所以，每个人要根据自身情况，量入为出，要给自己留有余地，详细分析自己收入、支出的情况以及未来资金计划，先预留一部分应急基金保证正常的生活（一般是家庭 3—6 个月的支出），再将富余资金按照一定的比例进行分层次的投资理财。下面是根据不同家庭的实际列出的投资方法，希望能给您一些实用的建议。

投资"一分法"——适合于贫困家庭。选择现金、储蓄和债券作为投资工具。

投资"二分法"——低收入者。选择现金、储蓄、债券作为投资工具，再适当考虑购买少量保险。

投资"三分法"——适合于收入不高但稳定者。可选择 55％现金及储蓄或债券，40％房地产，5％保险。

投资"四分法"——适合于收入较高，但风险意识较弱、缺乏专

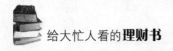

门知识与业余时间者。其投资组合为：40％的现金、储蓄或债券，35％的房地产，5％的保险，20％的投资基金。

投资"五分法"——适合于财力雄厚者。其投资比例为：现金、储蓄或债券30％，房地产25％，保险5％，投资基金20％，股票、期货20％。

自觉地强制自己储蓄，哪怕一开始是强迫自己，时间长了就变成了一种习惯。对很多的年轻人，尤其"月光族"而言，这是迈出理财的第一步。你每个月发了薪水之后，把10％－15％的薪水强制存入银行，每个月坚持，日积月累，会发现自己积累了一笔可观的财富。只是从其中抽取1/10而已，相信对于每一个人都不是很大的问题，当然这个比例同样要根据个人的实际情况以及风险承受能力来确定，切忌盲从。理财计划的个性化很强，不能批量复制。对很多年轻人来说，特别是"月光族"从第一步开始，就走上了你的理财道路。

学会理财，不仅仅因为钱的多少。理财是一个过程，理财合理不仅省钱，同时还会给你带来愉悦，让你有一种掌控生活的成就感。

2. 原则二：莫让债务缠身

"无债一身轻"实在是一种理想的生活状态，不欠债也是大多数人在计划消费时最基本的原则之一。然而，并不是有良好的财务规划，理智的消费习惯就可以避免各种各样的债务困扰的。信用卡借贷、房贷、车贷等往往让许多人深陷债务烦恼中，无法解脱。

越来越多的人加入了超前消费的行列。这种消费方式在理财中被称为"花明天的钱，享受今天的生活"，得到了不少人的认同，但是也有不少人由于过度负债消费，成为房奴、车奴和卡奴，使自己债务缠身，把自己的生活搞得一片混乱。

人们在借贷消费时，首先应该对自己未来的收入情况有一个比较现实的预期。否则，一旦未来的收入水平降低，现有的良性债务很可能会转化为不良债务，使生活陷入困境。关于债务这方面不妨做一个详细的分析，根据债务的定义可简单地分为两大类：一类是良性债务；一类是不良债务。

良性债务

什么是良性债务呢？简单来说，就是债务成本低于个人机会成本的债务。个人机会成本就是一个人所有可能的投资机会里风险调节后回报率最高的投资回报。

比如，一个餐馆老板自信他在自己餐馆里投入的每一分钱可以产生10％的回报，那么这10％就是他的个人机会成本。对他而言，利率低于10％的债务就是良性债务，应当维持在相当程度并将贷款投入他的餐馆；利率高于10％的债务就是恶性债务，比如信用卡上的欠款（18％的利息）。

不管是什么债务，都应把每月的还款额控制在月收入的30％以内，这是根据多数人的理财经验所得出的数值。购房者在向银行贷款的时候，银行通常要求购房人每月的还款金额不要超过家庭月收入的50％。理财专家认为50％的比例是贷款人还款的极限比例，如果购房人的还贷比例达到了月收入的50％，在这种情况下，对购房人来讲就不具备财务的弹性，如果一旦收入减少，就很容易使购房人陷入财务困境。目前社会上出现了很多房奴、车奴等，这就是他们每月的还款额严重超支所造成的后果。所以如果收入还没有达到一定的范围，就不提倡超前消费，免得让自己陷入生活困境，从而降低自身的生活质量。

不良债务

不良债务亦指非正常贷款或有问题贷款，指借款人未能按原定的贷款协议按时偿还商业银行的贷款本息，或者已有迹象表明借款人不可能按原定的贷款协议按时偿还商业银行的贷款本息而形成的贷款。中国曾经将不良贷款定义为呆账贷款、呆滞贷款和逾期贷款的总和。不良债务可以分为以下三种。

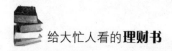

（1）贷款购买住房时，自己没有能力还款，或者自己每月的还款金额超过月收入的50%。这样会使借款人背上沉重的财务负担，受到巨大的财务压力，甚至陷入财务上的困境，让自己背负生活的大包袱，变得越来越疲惫。所以在买房前一定要考虑好，不要让生活套住自己。

（2）贷款购车。这种理财方式非常不恰当，就一个人贷款购车本身来分析这个人的财务问题。汽车是一种持续消耗资金的消费品，购买一辆车之后，每个月的汽油费、养路费、停车费、过桥费，每年的保险费、保养费、修车费，还有违章的罚款都会让购车人持续地花钱。然而，汽车又是一种贬值非常快的商品，如果买了一辆新车，10分钟之后想卖出，可能只会卖到原价的3/4；如果是1年后再卖出，最多卖出原车价的一半。因此，贷款购车对购买人来说是一种非常不好的债务，它会持续地吞噬你的现金，使原本不佳的财务状况更加恶化，社会上出现的车奴大都是贷款购车一族，所以这一点大家一定要注意了。

（3）信用卡消费。现在使用信用卡购买商品的人越来越多了，信用卡消费就是一种高利贷。如果你不能按时向银行偿还贷款，银行会按照每日万分之五的罚息收取利息，这样一年下来就是18%，远远高于目前银行的商业贷款利率，这是一种典型的高利贷。在日常生活中刷卡消费已经成为了一种习惯，特别是一些大学生，由于他们没有收入，但是又想让自己的生活过得舒适一点，所以信用卡就成了他们的"救星"。曾有媒体报道说，我国台湾和香港大部分大学生用信用卡购物的方式向银行贷款消费，每个月只能向银行还最低限额的还款额。几年的大学生活结束后，他们在工作后的前四五年，都会努力工作挣钱，向银行偿还巨额的信用卡贷款本息。因此，对正在读大学的朋友提个醒，一定不要养成刷卡过日子的习惯。

总之，不要让自己整天为了还款而挣扎，这样就失去了生活的意义，浪费了美好的光阴。为了自己美好的将来，理财是必须要做好的。

3. 原则三：坚持组合投资

组合投资是指若干种证券组成的投资，其收益是这些证券收益的加权平均数，但是其风险不是这些证券风险的加权平均风险，组合投资能降低非系统性风险。在任何市场情况下，理性的投资者都有必要坚持进行组合投资以保障投资的安全性。

把资金投入到某一种单一的理财渠道，需要承担很大的风险。目前国内国际形势不稳定，投资环境也不能说良好，如果进行"一篮子"配置，风险是显而易见的，控制难度将会加大。

人们进行投资，本质上是在不确定性的收益和风险中进行选择。投资组合理论用均值—方差来刻画这两个关键因素。所谓均值，是指投资组合的期望收益率，它是单只证券的期望收益率的加权平均，权重为相应的投资比例。当然，股票的收益包括分红派息和资本增值两部分。所谓方差，是指投资组合的收益率的方差。我们把收益率的标准差称为波动率，它刻画了投资组合的风险。

人们在证券投资决策中应该怎样选择收益和风险的组合呢？这正是投资组合理论研究的中心问题。投资组合理论研究"理性投资者"如何选择优化投资组合。所谓理性投资者，是指这样的投资者：他们在给定期望风险水平下对期望收益进行最大化，或者在给定期望收益水平下对期望风险进行最小化。

很多人都有过这样的经历，在股市大涨时涌进股市和基金市场，在股市波动时"跟风"投资债券基金以求稳定收益。在连续降息的时侯又觉得不把银行存款取出投资新品种不足以"安心"。投资者频繁变更理财品种甚至毫无规划地投资理财等"多动症"行为是不利于实现理财目标的。理性的投资者应当根据个人和家庭的现有状况进行投资规划，在考虑到投资风险的高、中、低承受能力的情况下分别制订

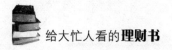

"因地制宜"的短、中、长期理财规划，并在日后的投资理财实践中以此为大的原则和方向进行操作，必要的时候才能根据情况适度调整。

专业理财师认为，投资者无论面对什么样的市场和环境都应当进行组合投资，将投资安全性、资金流动性和收益纳入综合考虑之列，不能看到市场一时的变动而将资金过于集中或者单一配置到任何品种中去。投资者特别要注意不能随着市场的波动而将投资品种选择"从一个极端走向另一个极端"，这是非常危险的。对于为提高生活质量而投资理财的大多数普通人来说，其工作和生活的重心不是专业理财，也没有更多的时间和精力专注于此，既不适宜搞热点又不推荐做投机，只有能够制订适合自身的理财规划并坚持组合投资才能获得理想的投资理财收益。

坚持组合投资的重要性

如何构建一个适合自己风险偏好和承受能力的大类资产组合，在承担一定风险的前提下尽可能地提高收益，或者在达到一定收益的前提下尽可能降低风险，是理财过程中面临的一个核心问题。

对股票投资者而言，通过组合投资有效降低非系统性风险是实现长期投资制胜的主要途径。在 A 股市场心态较为浮躁、投资者偏好抓大"牛"股、追求一战成名或一夜暴富的环境下，组合投资的理念尚未如海外市场那样深入人心。但 A 股市场的特点决定了股市呈现典型的"'熊'市长'牛'市短"的特征，因此控制风险显得更为重要，组合管理的重要性也日益为机构投资者所关注。

对于专业投资者而言，组合投资主要的难点在于如何在提高收益和分散风险之间找到均衡点。

股市之中没有任何一个人能准确预知未来，所以为了减少判断失误带来的伤害，在风险来临或者不确定性较大时，控制仓位比例是最简单的办法。即使同样是下跌，损失只有满仓者的几分之一，而当反击时机来临时，手中还有宝贵的资金参加反击战；在选择股票的时候，由于离真正的内幕有一段距离，这种差距就决定了股价运动的不确定性，为了避免这种风险，就可以考虑同时投资几只行业和特点都不相同的个股，因为这几家公司同时出现危机的可能性很小，这就是组合投资的意义。如果过于集中于股票资产，即使组合中都是大蓝筹、AAA评级企业、业务遍布全球的跨国企业，在金融风暴来袭时，都难逃一跌的命运。特别是对于一些具有长期规划的投资，如养老、退休等生命周期重大目标的投资，更应该严格执行"组合投资、分散风险"的策略。

年轻人如何构建有效的基金组合

很多年轻人觉得自己可支配资产不多，想多积累一些再开始投资。但我们建议最好能尽快开始自己的投资，因为即使只迟几年开始，最后拥有的资产有可能少很多。尽管一般基金的最低申购要求在1000元左右，但通过以下几个步骤，投资者拥有的资产即使不足3000元也可以构建出一个简单有效的基金组合。

第一步，决定你的最优资产配置。

一般年轻人的投资期限很长，愿意把较多的资产投资于股票。从经验来看，债券在你组合中的比重应与你的年龄相当。比如，你今年如果25岁，那你最好持有25%左右的债券，其余的可投资于股票。

第二步，寻找符合最低投资要求的核心基金。

基金组合中要有一些资产分散、拥有丰富经验的管理团队和长期稳定的风险收益配比的核心基金。对资产不多的投资者而言，还需增加一个条件，也就是其最低认购额要尽可能的低。用基金搜索器可以很快的从众多的基金中找到合适的核心基金。在选择债券基金时，可首选中期类，因为它们在获得收益的同时又不会有太大的利率或信用风险。在挑选股票基金时建议选择大盘价值（或成长）类，因为小盘股或行业基金有可能近期表现出色，但其波动性也大得多，导致投资者很可能在错误的时点卖出。

第三步，参与长期的定期定额投资计划。

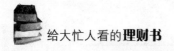

有的基金会推出定期定额投资计划，对参与的投资者会大大降低最低的申购金额要求。这样，年轻的投资者在构建组合的时候可选的品种就大大增加了，就可以做到更高质量的分散化投资。

第四步，以尽可能的低成本构建组合。

由于年轻的投资者初始投入不大，尽可能地减少相关成本就显得十分关键。首先在挑选基金时就要考虑各项可能发生的费用，优先考虑那些费用低的基金，选择合适的投资品也可降低相关成本。比如购买一只资产分配比例符合投资者要求的配置型基金，要比购买一只股票型、一只债券型基金要好得多。一来可以减少申购次数，二来配置型基金自身会根据市场变化调整资产配置，避免投资者自己在不同类型基金中调整。另外，投资者也可以直接购买合适自己的"基金中的基金（Fund of Funds）"或 ETF。

4. 原则四：远离投资陷阱

投资是通往财富殿堂的必经之路，但对大多数人来说，投资之路并非坦途，人们在投资的过程中会遇到各种各样的陷阱，这些陷阱都是骗子们为了骗取投资人的钱财而精心设计的，投资人若是一不小心掉了进去，辛辛苦苦赚来的钱财就会不翼而飞。

炒过股的人都知道，在股市上，"原始股"一向是发财的代名词。它的价格便宜，远远低于股市上流通的股票，一旦上市，股价一下子翻几倍、十几倍、几十倍都不是神话。于是，市面上也冒出了各种各样的"原始股"，都号称自己是投资人的印钞机，只要买下了就能坐享其成，一夜暴富。其实这里面大多都是骗局，投资者一定要看清事情的本质，不要盲目地相信别人的传言。

怎样才能远离投资陷阱

上海的马先生是一位退休职工。2007 年 5 月，他通过推销中介知道了一家公司在销售原始股。为此，马先生还专门上网查询，看到了公司上市名称、美国上市价格、一年后预计价格等信息，其中美国上市价格是每股 16－20 美元，一年后预计价格为 30－60 美元。当时给马先生报出的价格是每股 5.2 元人民币。公司还特别承诺，如果上市失败或停止上市，一年内不能挂牌，回购全部股权。这下可给马先生吃了定心丸，于是他拿出 10 万余元的积蓄购买了 2 万股，然而直到今天，公司也没有上市。

投资者为何会坠入骗局？上过当的投资人没有不恨设计陷阱的骗子的，他们也的确可恨。不过他们并不是从你的口袋里抢钱，而是抓住了人性的弱点进而设计了圈套，让你自己心甘情愿地把钱掏出来。人们都有哪些弱点呢？

① 无知。既然想要通过投资这条路挣钱，就要熟练掌握这方面的知识。投资是需要知识和经验的，有些人既无投资知识又无投资经验，当然很容易被别人所骗。

② 企图走捷径。有些人幻想快速致富，一个月挣到别人挣了十几年的钱。没有谁能够一口吃个胖子，不管干什么事情都要有一个循序渐进的过程。通过一次投资就想成为富人，简直是异想天开。实则相反，走捷径只会让自己欲速而不达，起到相反的效果。

③ 贪婪、贪便宜。不少人幻想天上会掉馅饼，难道你真的见过天上掉钱么？

④ 盲目跟从。有些人看到别人投资一个项目，自己也跟着去，认为那么多人参与的投资项目肯定没问题。殊不知，在投资方面，"群众"往往是错误的。如果都能挣钱了，挣的都是谁的钱呢？

⑤ 冲动。有一句话说：冲动是魔鬼。冲动是投资的大敌，要在投资市场上生存，就要沉着稳健，心无杂念。

⑥ 心存侥幸。很多人都认为，自己比别人运气好，痛苦与灾难离自己很远，即使灾难已经开始降临了，也不会降临到自己身上，存在着一些侥幸心理。

⑦ 忘记旧痛。人们往往容易记住幸福的事情，对痛苦却遗忘得

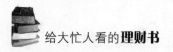

很快。比如有的股民曾经吃过电视"黑嘴"的亏，现在又被网络"黑嘴"骗了。

一般这种骗局都会有以下几种招数：

（1）回报诱人

一般骗局会利用极具吸引的回报使投资者上当，在贪念蒙蔽判断力的情况下，投资者无法理智思考这样的回报是否合理。

（2）疏于查证易招损

缺乏自信：投资者往往认为其他投资者比自己有更丰富的知识，当投资者看到其他人交易时，倾向相信他人的投资决定是正确的，并将自己经过慎重考虑所得的策略搁置，改而跟从专家或其他人的行动。

决定轻率：单凭不明来历的推销来电或陌生人发出的电邮、传真或直销邮件便作出投资决定，是非常危险的事。

像上面之类的例子举不胜举，当我们面对各种各样的投资陷阱时，千万要注意。

• 你是否不明白一项投资的如何运作，就把资金投入其中？

• 你只是阅读投资产品的销售宣传单，就已作出投资决定？

• 你未查清投资经纪或投资中介公司的信誉或往绩，就把资金交给他们投资？

• 你做每个投资决定时，是否因为别人这样做，你就跟着做？

因此，投资人一定要注意，不管投哪个项目，都要认真地考察，看自己能否回答上面的每个问题。如果某一个问题的答案是否定的，就要慎之又慎，如果有两个问题的答案是否定的，就不要考虑了。如果你想探个明白，最好进行一些调查研究，收集一些资料，作为决策的依据。

最值得注意的一点是，只有远离投资陷阱才能让你有储蓄，只有真正地学会理财，才能让自己的腰包更鼓。远离投资陷阱，千万别让自己的辛苦血汗付之东流。

5. 原则五：搞好婚姻理财

中国有句老话："男怕入错行，女怕嫁错郎。"为了永远，感情上，我们用结婚表达极至；物质上，我们用公证来表明立场。婚姻理财，看起来很简单，其实是人生最大的投资，也是最重要的投资。如何选择自已的配偶是非常重要的，选好了，你的生活美满幸福，如不慎选错了，是人生最大的失败。首先应从以下几个方面考虑：

（1）感情

现在的婚姻和以前的婚姻完全不一样，以前很大一部分是先结婚后培养感情，现在绝大多数的婚姻起源于爱情，爱情是婚姻不可或缺的重要因素和组成部分。人们常说："没有爱情的婚烟是不道德的。"这句话一点儿也没错。但是仅有爱情的婚姻是不稳定的。我们周围常常有这样一部分人，他们一见钟情就闪电式结婚了，然后再闪电式离婚。原因就是爱情和婚姻不一样。

爱情需要激情，婚姻需要理性。

爱情的冲动和激情最多维持 18 个月，而婚姻却要平静地生活几十年。

爱情可以当饭吃，婚姻需要有饭吃。

爱情可以拿"浪漫"当饭，但婚姻每天都要面对柴、米、油、盐。

爱情追求曾经拥有，婚姻追求天长地久。

爱情来得快去得也快，而婚姻中的亲情远比爱情持久。

爱情不分阶层，婚姻要分阶层。一个富家女可以爱上一个穷小子，但是要嫁给一个穷小子可就困难了，跟他一起生活就更困难了。爱情是两个人的事，婚姻还要涉及两个家庭。

（2）人生观和价值观

人生观和价值观换句话说就是自已和对方的性格是否相合。其实

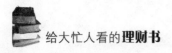
选择配偶，了解对方的人生观、价值观是非常重要的，它可以使你婚后免遭多年的痛苦。

很多人在恋爱时总想掩饰自己的缺点，总想把自己美好的一面展现给对方。但是，你要明白，你不可能永远戴着"面具"生活，总有一天你会呈现出自己的本来面目。因此，最好一开始就以真实面目出现，向对方坦率说出自己的情况和想法，同时希望对方也能如此。如果以这种方式恋爱，可能会少一些浪漫，但却多了很多真实，而这些真实会节约很多成本，包括时间和金钱。婚后夫妻双方也会少了很多指责，比如"你结婚前一直骗我"等。一定要记住：人生观和价值观是婚姻的重要基础，它将决定婚姻生活的质量。

（3）家庭背景

"婚姻讲究门当户对"，我认为这句话很有道理。"门当户对"可以使人们的生活理念和生活习惯大致相同，对待金钱的态度也会相似，因此，日常生活中比较容易相互融合。如果一个从小生长在富裕家庭的男人娶了一个女人，这个女人的父母却是那种长期为了生活苦苦挣扎的人，那么他们的生活习惯和对待金钱的态度会有很大差异。如果两个人都按照自己的价值取向和生活需求进行消费，那么当一个人的需求与另一个人不同时，就一定会发生家庭矛盾，甚至可能演变成持续的"家庭战争"。

俗话说，江山易改，秉性难移，这句话很有道理。你可能会赢得对方的爱情，但你不可能改变他（她）从小养成的生活习惯，那是二三十年生活的烙印，不可能轻易抹去。婚姻是一生中最大的"投资"，一定要慎重选择投资对象，而"投资"的成败很大程度上取决于婚前考察。

钱是婚姻生活的润滑剂

钱是生活的必需品，也是解决很多生活问题的钥匙。在婚姻生活中，巧妙地使用钱，可以让婚姻生活更加和谐和美满。让我们来讲一个在婚姻生活中巧妙用钱的故事。

曹先生是一家公司的总经理，平时工作很忙，没有时间处理家务，家里的事情统统由太太打理。2008年，曹先生的父亲去世了，他怕母亲独自生活孤单，就将母亲接来同住。这样一来，如何让母亲和太太处理好婆媳关系，就成为曹先生面临的一个难题。但是，曹先生自有高招：他经常给太太一些钱，让太太给他的母亲买礼物；他还经常给他的母亲一些钱，让她给自己的太太买礼物。曹先生这样做的结果是：婆媳相处融洽，家庭生活和睦，曹先生从来不受"夹板气"。曹先生说："让她们互送礼物的目的，第一，是让她们了解我的良苦用心；第二，是让她们彼此之间感受到对方的友善；第三，是要通过别人的赞美（比如'你的婆婆真是太好了！''能有这样的儿媳妇真是福气啊！'）来不断强化彼此之间的美好印象。这样一来，即使生活中有一些小矛盾，也能很快化解。家里太平了，我的工作就没有后顾之忧了。"

在婚姻生活中巧妙用钱的方法还有很多，你可以找到适合自己的方法，让你的家庭生活过得更美好。

理财有道，财源滚滚

如今的市场经济处在一个不景气的阶段，在这个时候仍然不懂得理财的个人或家庭，其财富将会越来越少。理财的作用就是平衡收支，保障财务安全，改善生活品质，有利于造福自己以及父母子女。

理财规划与家庭账目

（1）理财规划

a. 创业期（25—30岁）消费目标：日常生活用品，中档消费品、部分昂贵消费品的分期付款。

理财策略：大胆投入风险市场，但投资只能以闲置资金进行，切忌过于分散。两人尚且年轻，教育投资"一本万利"。

b. 黄金期（30—50岁）消费目标：地产房屋、汽车等昂贵消费品的正式投入。

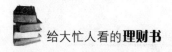

理财策略：使财富稳步增长为首选，风险巨大的投机已经不符合这个时期的投资目标。健康型和养老型保险需要适当投入，同时孩子的教育基金也该开始储备。

c. 衰退期（50岁以上）消费目标：养生保健。

理财策略：选择收益固定的理财品种，如国债、投资基金等，不参与高风险投机活动。积累一般的人可以继续投入老年保险，积累较多的人可将部分财产先行交付给下一代打理。

每对夫妻在未来的生活中都要面对这三个重要阶段。有了整体理财规划，就像一幅画有了主要轮廓，下一步我们要做的是使其内容丰富生动。

（2）制作账目管理表

通过制作家庭账目管理表，夫妻可以轻松掌握家庭经济状况，并作为修正经济目标的重要依据。根据实际情况，该表可繁可简，基本由以下三个部分组成：资产、负债、资产净值。

a. 盘点资产心中有数

实物资产：地产、交通工具、电器等。实物资产按净值统计，即原价减去按预计使用年限分摊的折旧，如一台冰箱购价为6000元，预期使用6年，已用1年，按5000元净值入账；地产按时价计；金融资产，如现金、存款、债券、股票、金银饰品等项目。其中，存款及债券包括利息，股票按市价计算，金银需估价。

b. 明晰债务负担

短期负债：应付而未付的房费、水电杂费，已签账的信用卡等。

长期负债：各项应缴费应偿还的贷款及借款本息，以上项目以做表日前一天余额为准。

c. 净值变化掌握晴雨

以家庭总资产减去家庭总负债，即可得到家庭资产净值数。净资产数值越大越好，但家庭资产与负债之间的比例要力争合理。正常情况下，一个家庭最低应储备一年的生活费，以备不时之需。有了理财规划和资产负债表，家庭资产现状和理财业绩一目了然。1＋1＝2的生活，可以井井有条地展开。

节约开支与个人理财

节约开支对一个家庭来说更为迫切，家庭支出按先后顺序可分为三部分：一是固定支出，二是可变支出，三是享受支出。你可以仅仅通过坚持几条约束条件就完全改变你的大笔支出，使生活变得更好。

a. 固定开支

房子是庇护所。如果租房费用占到收入的25％以上，就需要重新计划。拿出多一些的钱去投资自己的房子，或者搬到一处便宜的房子去住都是不错的选择。通过减少在你的汽车和房子上的保险投资也可以省一笔钱，但不要放弃医疗和伤残保险，假如你由于疾病和伤残不能工作，没有任何东西比保险费更像及时雨。

b. 可变开支

不要在食物上削减开销。你依然可以吃新鲜、有营养、对健康起到有力作用的食物。逛街买东西时，想想自己衣柜里满满的衣服，少买些没有意义的衣服，那只能压箱底。如果出门时，开车的费用比较大，不妨换乘公交车和地铁，那样可能会比较省钱。如果真的比较近，步行十几分钟就可以解决，那不妨就步行去，既可以健身，又节省开支。

c. 享受开支

如果你平时有经常请保姆和小时工的习惯，那从现在开始，就放弃吧，学会自己打理。既可以省钱，又可以锻炼自己，多好。

基本积累与风险投资

如今，投资品种可谓日趋多样化，一般来讲，创业期的夫妇于稳健型投资区可投入30％左右财力，激进型投资区适宜投入70％财力。

（1）稳健型投资区：国债、储蓄、保险。

（2）激进型投资区：股票、期货、外汇、地产。

趋利避害是理财的本能，可是多数人的资产安排不应该只考虑收

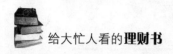

益，还应该兼顾安全，可能也有人相信"撑死胆大的，饿死胆小的"，觉得可以冒险博利。资产组合确实能在一定程度上降低总风险。处于创业期和黄金期的创业者，可以参考以下的投资分布方式：40％资金可以投入证券类投资区；30％的资金可以投入房产；20％资金可以投入到储蓄国债；10％可以投入保险。

风险防御与应付

生活中，家庭财政方面难免有所起伏。如果不幸遭遇事业困境或经济困难，怎样才能做到临危不乱？这对于家庭风险预防来说，一定是一次严峻的考验。

（1）建立风险防御系统

a. 随时监控家庭财政情况。

家庭资产负债表的编制一定要懂得坚持，经常观察负债和净资产值的变化。如果出现资产不良现象应尽快调整，将危机发生率降低到最小。

b. 设置家庭风险基金。

家庭风险基金要从日常生活中提取。每月存入固定数字的基金，存这类风险基金时，最好要不低于家庭3个月的工资。建议采取存款组合方式，这样可以减少利息上的损失。参考目前的养老金，30年后就相当于平均工资三分之一到二分之一，所以养老基金一定要存。考虑到通货膨胀问题，这类基金不能只以存款和债券为主，应该以保险、基金、股票组合比较好。

c. 合理搭配储蓄期限。

储蓄在很多人眼里很简单，但若想让其成为风险防御系统中的不可或缺的组成部分，在安排不同存款期限上，需尽可能合理。定期存款所占比例建议不要高于50％，以免急需时损失比较多的利息。

（2）风雨来袭如何应对

a. 变更借贷期限，减少现金支出。

当家庭出现经济危机时，首先需要把大笔借贷期限做个调整。对即将到期的债券可尽快变现金，上市国债建议卖出。还存在房屋贷款的家庭，可以同银行协商变更期限，缓解家庭的财政危机。

b. 购买保险。

保险保障的是受益人，对于有老人和孩子需要供养的中年人来说，需要通过保险来确保自己能履行对老人和孩子的经济义务。这种义务是一直存在的，所以只可能合理压缩。购买全家的健康险、意外伤害险，是个不错的选择。

c. 保持存款。

在非必须的情况下不要提取所有存款应急，在风雨过后，还有很长的日子要度过。存款仍是家庭的基本保障，不要因为一次风雨就透支了所有的基础。

家庭理财簿

你不理财，财不理你。合理安排家庭财务，是每个想要富裕的家庭成员必须要学会做的事情，也是任何一个成熟的家庭生活要面对的事情。人一出生就决定了必然会消费，这种消费是永久的、长期的。但是，人类生命中，能够挣钱的时间是极其有限的，初期，我们不能赚钱，到了一定的年龄，又要背上家庭及父母的支出重担，等我们都老了，干不动了，却只能白白消耗我们的资产。这短短的几十年时间并不是全部用来挣钱的，因为疾病、意外等突发事件不断地涌入我们平静的生活，如果没有做好合理的规划，那么美好的生活可能就要化为泡影。

我们日常生活中，经常会出现一些"马马虎虎"的消费，其实，这些消费累积起来，也是一笔惊人的数目。拥有一个家庭理财簿，可以让你的家庭经济情况笔笔入账，一目了然；拥有一个家庭理财簿，能够避免过高开支，使家庭经济呈现一个科学、健康、良性的发展。